草地管理驱动的
生态系统多功能性研究

王欣禹　李永宏　著

中国农业科学技术出版社

图书在版编目(CIP)数据

草地管理驱动的生态系统多功能性研究／王欣禹，李永宏著．--北京：中国农业科学技术出版社，2024.9. --ISBN 978-7-5116-7102-8

Ⅰ. S812.5

中国国家版本馆 CIP 数据核字第 2024Y0Q698 号

责任编辑 闫庆健
责任校对 王 彦
责任印制 姜义伟　王思文

出 版 者 中国农业科学技术出版社
　　　　　北京市中关村南大街 12 号　　邮编：100081
电　　话 (010) 82106632 (编辑室)　　(010) 82106624 (发行部)
　　　　　(010) 82109709 (读者服务部)
网　　址 https://castp.caas.cn
经 销 者 各地新华书店
印 刷 者 北京建宏印刷有限公司
开　　本 140 mm×203 mm　1/32
印　　张 5.75
字　　数 138 千字
版　　次 2024 年 9 月第 1 版　2024 年 9 月第 1 次印刷
定　　价 30.00 元

前　　言

　　土地利用集约化对生物多样性的全球威胁促使大量研究致力于了解生物多样性与生态系统功能之间的关系（BEF）。以往的大多数 BEF 研究更多地关注经典的生物多样性指标（如物种丰富度或 Shannon-Weiner 等多样性指数）以及一个或几个生态系统功能，如生产力、凋落物分解或土壤养分循环。然而，越来越多的证据表明，功能多样性（FD）往往比物种多样性对生态系统功能更重要，并且生态系统最为重要的价值是能够同时提供多种功能（即多功能性）。此外，BEF 关系的大多数实验都是在高度受控的植物群落中进行的，而对陆生动物群落还所知甚少，且地上和地下生物多样性共同对生态系统多功能性的影响也在很大程度上未被探索。因此，在内蒙古典型草原区基于一个长期的草地实验，本文分析了植物和节肢动物群落的分类多样性（TD）、功能性状（CWMs）和功能多样性（FD）以及生态系统多功能性在 4 种土地管理方式下（生长季放牧、春夏放牧、刈割和围封）的变化，并探究了植物和节肢动物多样性、土壤因子和草地生产力之间的相互作用关系，以及土地管理和降水年际波动对植物和节肢动物生产力直接和间接（通过调节植物和节肢动物多样性）影响的相对重要性。结果显示：

　　（1）适度放牧提高了植物多样性和生态系统多功能性，但降低了节肢动物多样性和群落生产力。相较而言，晚秋刈割在同时保护两个水平的营养级和生态系统功能方面是一种有效的管理策略。

（2）生态系统多功能性与植物多样性呈正相关关系；植物和土壤微生物多样性的结合（62.5%）远比单组分生物多样性（植物：40.2%；细菌：7.6%；真菌：0.4%）对生态系统多功能性变化的解释能力更强。

（3）草地生产力与植物 FD，而不是 TD，呈正相互作用关系；与节肢动物 TD，而不是 FD，呈负相互作用关系。生产力与植物多样性和节肢动物多样性的正、负双向关系主要是放牧/刈割对植物和节肢动物多样性影响的结果。

（4）适度放牧和植物生长季降水（PGP）主要通过间接增加植物功能多样性（FD）和减少优势植物氮含量（CWM_{NC}）提高植物生产力，但主要通过直接放牧伤害以及间接调节节肢动物个体大小（CWM_{BS}）降低节肢动物生产力。同时，管理方式和降水诱导的功能性状和多样性的变化，是影响植物和节肢动物生产力的关键预测因子，而不是物种丰富度的变化。

这些结果为土地利用变化对草地生物多样性和生态系统功能及其相互关系的影响提供了新的实证，提出了新的见解，深化了我们对草地生态系统功能变化机制的认识，并表明在草地的保护和可持续管理中，同时考虑多个营养类群功能性状的变化是至关重要的。

著者
2024 年 8 月

符号说明

E：enclosure 围封

G1：all plant-growing season grazing 生长季放牧（5—9 月）

G2：spring & summer grazing 春夏放牧（5 月和 7 月）

M：mowing 秋季刈割

SM：soil moisture（%）土壤水分

BD：soil bulk density（g cm^{-3}）土壤容重

TC：total carbon（g kg^{-1}）总碳

TOC：total organic carbon（g kg^{-1}）总有机碳

TN：total nitrogen（g kg^{-1}）总氮

AN：soil inorganic nitrogen（mg kg^{-1}）土壤速效氮

TP：total phosphorus（g kg^{-1}）总磷

AvP：soil available phosphorus（mg kg^{-1}）土壤速效磷

S-AKP：alkaline phosphatase（μmol d^{-1} g^{-1}）碱性磷酸酶

S-UE：urease（μg d^{-1} g^{-1}）脲酶

SR：species richness 物种丰富度

H：Shannon-Weiner 指数

S：Simpson 指数

TD：taxonomic diversity 物种或分类多样性

FD：functional diversity 功能多样性

CWM$_H$：community-weighted mean of plant height（cm）植物高度的群落加权平均值

CWM_{SLA}: community – weighted mean of specific leaf area（$cm^2 g^{-1}$）比叶面积的群落加权平均值

CWM_{CC}: community – weighted mean of plant C concentration（%）植物碳含量的群落加权平均值

CWM_{NC}: community – weighted mean of plant N concentration（%）植物氮含量的群落加权平均值

CWM_{CEC}: community–weighted mean of plant cellulose content（%）植物纤维素含量的群落加权平均值

CWM_{BS}: community–weighted mean of body size of all arthropods（mm）节肢动物个体大小的群落加权平均值

CWM_{PH}: community–weighted mean of the abundance of phytophagous arthropods 植食性节肢动物多度的群落加权平均值

CWM_{PR}: community–weighted mean of the abundance of predatory arthropods 捕食性节肢动物多度的群落加权平均值

CWM_{SA}: community – weighted mean of the abundance of saprophagous arthropods 腐食性节肢动物多度的群落加权平均值

CWM_{OM}: community–weighted mean of the abundance of omnivorous arthropods 杂食性节肢动物多度的群落加权平均值

CWM_{PA}: community–weighted mean of the abundance of parasitic arthropods 寄生性节肢动物多度的群落加权平均值

CWM_{DI}: community–weighted mean of the abundance of diurnal arthropods 昼行性节肢动物多度的群落加权平均值

CWM_{NO}: community–weighted mean of the abundance of nocturnal arthropods 夜行性节肢动物多度的群落加权平均值

CWM_{EI}: community–weighted mean of the abundance of either diurnal or nocturnal arthropods 昼或夜行性节肢动物多度的群落加权平均值

PGP：plant growing-season precipitation（mm）植物生长季降水

目　　录

第 1 章　引言 ……………………………………………… （1）

1.1　研究背景 ……………………………………………… （1）

1.2　BEF 研究的发展 ……………………………………… （3）

　1.2.1　BEF 领域一些关键的理论和假说 ……………… （3）

　1.2.2　生物多样性与生态系统生产力之间的关系 …… （6）

1.3　生态系统的多功能性 ………………………………… （8）

　1.3.1　多功能性概念的提出与发展 …………………… （8）

　1.3.2　多功能性的量化 ………………………………… （12）

1.4　功能多样性 …………………………………………… （15）

　1.4.1　功能多样性比物种丰富度对生态系统功能的
　　　　 预测能力更强大 ……………………………… （15）

　1.4.2　功能群多样性和功能多样性 …………………… （16）

　1.4.3　功能多样性的量化 ……………………………… （17）

　1.4.4　功能多样性与生态系统功能关系的研究 ……… （19）

　1.4.5　合适的功能性状的选择 ………………………… （22）

1.5　土壤微生物和动物多样性对生态系统功能的
　　　影响 ……………………………………………… （23）

1.6　不同土地管理方式对生物多样性和生态系统功能的
　　　影响 ……………………………………………… （25）

1.7　研究内容、目的与意义 ……………………………… （27）

1

第 2 章 不同管理方式下草地生态系统多功能性与不同类群

生物多样性间的关系 ……………………………… （28）

2.1 材料和方法 …………………………………………… （30）

2.1.1 研究地点和实验设计 ……………………… （30）

2.1.2 植物取样和分析 …………………………… （31）

2.1.3 土壤取样和分析 …………………………… （33）

2.1.4 土壤动物取样和鉴定 …………………… （36）

2.1.5 多样性指数的计算 ……………………… （36）

2.1.6 多功能性指数的评估 …………………… （38）

2.1.7 统计分析 ……………………………………… （40）

2.2 研究结果 …………………………………………… （43）

2.2.1 草地管理和生态系统多功能性 …………… （43）

2.2.2 不同生物类群的分类组成以及生物多样性与

多功能性间的关系 ………………………… （46）

2.2.3 地上和地下生物多样性对多功能性的单独和共同

影响 …………………………………………… （49）

2.3 讨论 ………………………………………………… （50）

2.3.1 不同管理方式下多功能性指数以及养分循环和

生产力指数的变化 ………………………… （50）

2.3.2 地上和地下生物多样性对生态系统多功能性的

影响 …………………………………………… （52）

2.4 结论 ………………………………………………… （53）

第 3 章 不同土地管理方式下植物和节肢动物多样性与草地

生产力间的关系 ………………………………… （55）

3.1 材料和方法 …………………………………………… （57）

3.1.1 样地选择和实验设计 ……………………… （57）

3.1.2 植被和节肢动物取样以及功能性状的测定 …… （58）

3.1.3 物种分类多样性和功能多样性的计算 ……… （60）

3.1.4 土壤非生物因子取样和测定 ·············· (61)

3.1.5 统计分析 ················· (61)

3.2 研究结果 ················· (62)

3.2.1 不同土地管理方式对不同生物群落功能组成、
TD 和 FD 的影响 ·············· (62)

3.2.2 不同管理方式下植物和节肢动物群落的 TD 和
FD 与草地生产力之间的关系 ·········· (65)

3.2.3 植物和节肢动物多样性（TD 和 FD）、土壤
因子以及草地生产力之间的相互作用关系 ··· (71)

3.3 讨论 ················· (78)

3.3.1 不同生物类群对土地管理方式的响应 ······· (78)

3.3.2 不同土地管理方式下植物和节肢动物的 TD 和
FD 对草地生产力的影响 ··········· (80)

3.3.3 不同土地管理方式下生物、非生物因子以及
草地生产力之间的相互作用关系 ········ (81)

3.4 结论 ················· (84)

第 4 章 不同土地管理方式和降水量对生物量生产的直接和
间接影响机制 ················· (86)

4.1 材料和方法 ················ (88)

4.1.1 样地选择和实验设计 ·············· (88)

4.1.2 植物群落调查和功能性状的测定 ········· (89)

4.1.3 节肢动物取样和功能性状的测定 ········· (89)

4.1.4 植物和节肢动物生物多样性的计算 ········ (90)

4.1.5 年降水量和土壤理化性质的测定和分析 ····· (91)

4.1.6 统计分析 ················· (92)

4.2 研究结果 ················· (93)

4.2.1 不同管理方式对植物和节肢动物生物多样性和
生产力以及土壤因子的影响 ·········· (93)

4.2.2　不同因子对植物和节肢动物群落生产力的相对
重要性 ·· （100）

4.2.3　群落生产力与管理方式、PGP、土壤因子以及
植物和节肢动物多样性之间的关系 ·········· （102）

4.3　讨论 ·· （109）

4.3.1　植物和节肢动物对土地管理响应的差异性与
相似性 ·· （109）

4.3.2　不同管理方式和降水量对植物和节肢动物群落
生产力的直接和间接影响 ····················· （112）

4.3.3　物种丰富度、功能性状和功能多样性对植物和
节肢动物群落生产力的相对作用 ············ （114）

4.4　结论 ·· （115）

第 5 章　综合讨论和主要结论 ················· （117）

5.1　综合讨论 ······································ （117）

5.1.1　不同管理方式对生物多样性、群落生产力以及
生态系统多功能性的影响 ····················· （118）

5.1.2　生物多样性不同组分与生态系统功能间的
关系 ·· （119）

5.1.3　生物多样性、环境因子以及草地生产力之间的
相互作用 ··· （120）

5.1.4　功能性状和多样性在调节土地管理和降水对
生态系统功能的影响方面的作用 ··········· （121）

5.2　主要结论和研究展望 ······················ （122）

5.2.1　主要结论 ································· （122）

5.2.2　研究展望 ································· （123）

参考文献 ·· （124）

第1章 引言

1.1 研究背景

草原是自然生态系统的重要组成部分，对维持生态平衡、地区经济以及人文历史具有重要的价值[1]。我国拥有天然草地面积约 4 亿 hm²，占世界草原面积的 13%，占国土面积的 40% 左右，是我国陆地面积最大的生态系统类型[2]。然而近半个世纪以来，由于人类对草地资源的不合理开发和利用，致使草地出现了诸如生物多样性减少、生产力退化、栖息地丧失与破碎化、环境污染和外来物种入侵等各种生态环境问题，均已对物种的生存与繁衍构成了巨大威胁[3]。人类社会快速发展所导致的气候变化是影响生物物候、分布、迁移以及群落结构的另一个主要因素。它一方面可以引起生物栖息地的环境变迁，另一方面可以改变物种之间的关系和相对优势度，最终导致物种的灭绝和生物多样性的丧失。所有这些问题正伴随着全球化进程逐渐扩展到更大的空间，严重影响社会的可持续发展。

生物多样性是生态系统结构和功能的基础，但因为人类活动的不断加剧，当今物种的灭绝速率是过去任何时期自然灭绝速率总和的 1 000 倍[5]，且物种的丧失是世界范围内的普遍现象。据统计，全球大约有 1/3 的植物和动物正面临灭绝风险，平均每年约有 50 个物种会走向下一个濒危等级，而目前人类所做的保护工作仍不足以阻止这一趋势[6]。2012 年国际自然保护联盟（International Union for Conservation of Nature，IUCN）评估的 6 万多类生物物种中，已经灭绝和受到不同程度威胁的占 32%，而在所有受威胁的物种中，两栖类高达 41%[3]。面对生物多样性急剧锐减的严峻局面，越来越多的国家、政府、组织和学者开始关注生物多样性的研究和保护[7]。随着生物多样性研究的深入，人们开始关注生物多样性丧失或者群落结构的变化究竟对生态系统功能和过程带来怎样的后果，生物多样性丧失对生态系统功能的影响如何量化，由此便提出了当今生态学领域的热点问题——生物多样性与生态系统功能（Biodiversity and Ecosystem Functioning，BEF）研究。

最早关于生物多样性影响生态系统功能的阐述是由达尔文（1859）在《物种起源》一书中提出的，他指出："如果一块地上仅种一种草，而在另一块相似地况的土地上种植明显不同属的多种草，那么后者将会拥有更多植物的种类和更多的干草"[10]。之后，虽然研究者们已经认识到生物多样性会对多种生态系统过程或功能产生重要影响[11]，但多数研究仍集中于多样性与生态系统稳定性的关系方面[12,13]。直到 1992 年，在德国举行的主题为"生物多样性与生态系统功能"的会议上，生态学家才对 BEF 进行了新一轮的探讨[14]。同年 6 月，在巴西举行的联合国世界环境与发展会议（United Nations Conference on Environment and Development）上，研究者们又重新审视了生物多样性丧失对生态系统服务和功能产生的影响。而 1993 年出版的有关生物多样性与生态系统功能的专著[16]，为现代 BEF 研究奠定了基础[17]。此后，在20 世纪末和 21 世纪初大量的实验研究被诸多学者广泛开展来进行BEF 关系的探索和论证，比较有代表性的有英国生态箱实验（ecotron）[18]、Cedar Creek 野外实验[19,20]、微宇宙实验（microcosm）[21,22]、美国加州草地实验[23]以及欧洲草地实验[24]等。这些实验的结果均表明，生物多样性与生态系统功能密切相关，然而，如何解释这些结果背后的机制却出现了完全不同的观点，研究者们对实验设计和分析方法等都提出过疑问，争论非常激烈。截至2009年，已有数百篇文献展示了来自不同生态系统类型的600多个实验的结果，大大推动了生态学的发展[28]。

21世纪初，BEF的概念由黄建辉等（2001）[29]以及张全国和张大勇（2002）[30]引入我国，并在我国同样取得了许多重要的研究成果，其中包括"中国亚热带森林生物多样性与生态系统功能实验研究（Biodiversity Ecosystem Functioning Experiment China，BEF-China）"项目。该项目是由中国国家自然科学基金委员会和德国科学基金会联合资助，于2008—2010年在江西新岗山镇建立的。这个大型的森林实验样地是全世界12个森林实验样地中包含物种最多、多样性水平最高的实验平台。基于该实验平台，科研人员在森林演替过程中物种丰富度变化、植物功能性状与环境的关系、相邻植物间的相互作用以及植物多样性与昆虫多样性的关系等方面都取得了重要的进展[28]。但是，生物多样性丧失会对生态系统产生怎样的负面影响？反过来，这些受影响的生态系统又如何响应于生物多样性的丧失？对于这些问题，我们仍知之甚少。因此，在全球变化的背景下进行BEF的探讨和研究，不仅在生态学理论研究中具有重大的价值，而且对于人类生存环境的保护，维持生态系统服务与功能的正常运转都具有紧迫性和现实意义[31]。

1.2 BEF 研究的发展

1.2.1 BEF 领域一些关键的理论和假说

BEF研究最早可追溯到两个世纪以前的达尔文时代，那时，

George Sinclair 在英国贝德福德郡（Bedfordshire）对比了单种（monoculture）和混种（mixture）对植物生产力的影响，结果表明，物种多样性越高，干草的产量也越高[32]；亦即有更高植物物种多样性的群落会有更高的初级生产力。此后，Odum（1953）、MacArthur（1955）和 Elton（1958）等学者陆续指出，一个生态系统中物种数目越多，它们之间相互作用的关系也就越多，最终会影响生态系统的功能。于是他们假设物种丰富的生态系统对干扰有更强的抵抗力，因为这些生态系统包含了更多对养分循环和物质流动的替换途径[10]。

近年来，随着全世界范围内物种灭绝速度的加快，针对生物多样性与生态系统功能的若干关键方面（如生产力、稳定性、分解速率等）的实验观察和理论研究已经广泛展开，并且得出了很多有意义的结果。但诸多学者在许多问题上还存在激烈的争论，目前还没有哪个结论能够得到普遍的认可[27,33]。尽管如此，在 BEF 研究的争论和发展中许多假说和理论得以不断更新和完善，极大推动了 BEF 领域工作的进展。这些假说主要有：

（1）多样性-稳定性假说（Stable-diversity hypothesis）：该假说是由 MacArther（1955）[12]首次提出的，他认为随物种数的增加，生态系统的生产力以及恢复干扰的能力均增强。

（2）铆钉假说（Rivet hypothesis）：把一个生态系统中的物种比作一架飞机上的铆钉，每个物种对生态系统的功能均有贡献，物种（铆钉）的丢失超过一定限度时，将导致系统（飞机）突然的灾难性的崩溃。因为许多物种在生态系统中的作用可能是冗余的，所以少量物种的丧失可能不影响生态系统总体的功能，表明了物种丰富度与生态系统功能之间的非线性关系[34]。

（3）冗余种假说（Redundancy hypothesis）：生态系统中的物种可被划分为不同的"功能群"（functional group），有一些物种在其他相邻物种灭绝后，有一定的延伸其功能进行补偿的能力。所以只需要一个最小的多样性来维持生态系统的功能，除此以外的大多数物种是冗余的，也即物种丰富度对生态系统功能而言并不非常重要[16,35]。

（4）特异性假说（Idiosyncratic hypothesis）：Lawton（1994）[36]提出生态系统的功能随多样性的改变而改变，因为单个物种的地位是复杂和变化的，所以这种改变的程度和方向都是不可预测的。

（5）零假说（Null hypothesis）：生态系统的功能与物种的丢失或增加无关[16,36]。

（6）多样性–可持续性假说（Diversity-sustainability hypothesis）：Tilman et al.（1996）[37]认为，由于多样性高的生态系统中营养物质的丢失会降低，故生态系统中土壤元素的养分循环和土壤肥力的可持续性与多样性程度密切相关。

（7）保险假说（Insurance hypothesis）：该假说主要是针对物种丰富度与系统抗干扰能力的关系提出的[38,39]。由于物种间存在对环境条件响应的异步性（Asynchrony of species responses），或者说时间生态位分化，所以多样性的增加既可降低生产力在时间维度上的变异，又可提高生产力的总体水平。Loreau（2000）[40]将这两种作用分别表述为缓冲效应（Buffering effect）和生产力提高效应（Performance-enhancing effect）。将此应用于物种多样性与稳定性关系方面就是：当生态系统经受剧烈的环境变化时，物种间生态位的差异可以使不同物种"风险分摊"（Spreading of risk），丰富度高的系统对外界条件变化有更强的"弹性"（Resilience），而丰富度低的系统对干扰的抵抗力较弱。因此，在良性环境下对生态系统功能表现为"多余"的物种，当外界环境剧烈变化时在维持系统整体性（Integrity）上或许会发挥重要的作用。

这些假说和理论从不同角度阐明了物种在生态系统中的地位以及物种多样性对生态系统功能的作用机制，张全国和张大勇

(2002)[30]也就以上假说和理论进行了详细的描述和系统化的总结（图 1.1），为国内的 BEF 研究打下了坚实的基础。

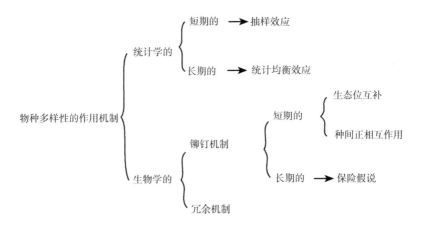

图 1.1　物种多样性作用机制

1.2.2　生物多样性与生态系统生产力之间的关系

纵观 BEF 领域 20 多年来的研究历史，初级生产力是生态系统中被人们关注最多的功能，生态系统生产力作为养分循环等功能的重要指示指标[41]，与人类生存与发展关系最为密切，因此在 BEF 研究中占据着最为重要的位置。

大多数研究认为生物多样性与生产力呈线性正相关，即多样性高的生态系统有更高的初级生产力。支持这一结果的实验证据较多，如 Tilman et al.（1996）[37]在 147 块草地上分别种植随机选取的 1、2、4、6、8、12 和 24 个种的组合，以最高现存生物量作为生产力的估计。结果表明：生产力随多样性的增加而增加，多样性越高对氮的利用越完全，同时氮的丢失越少。Naeem et al.（1996）[45]的研究也表明，平均生产力随物种丰富度的增加而增加。除此之外，Bai et al.（2007）[46]在内蒙古草原对854个样地的研究发现，生物多样性和生产力不论在局域、地区还是景观尺度上均呈线性正相关关系。对于物种多样性的增加为何会引起生产力增加的解释主要有"抽样效应"和"互补效应"。"抽样效应"是由Tilman et al.（1997）[47]提出的，作者认为在均一性的生境中，不同物种的竞争能力各不相同，竞争能力较强的物种能够更有效地利用资源，从而创造出更高的生产力，而这样的物种在多样性高的系统中有更大的概率出现，往往成为生态系统功能的主要贡献者。这样随着物种多样性的上升，生态系统生产力将逐渐上升并渐近饱和。"互补效应"是指同一群落中，由于物种时空生态位的差异，导致有更高物种丰富度的群落能更充分地利用各种资源，使生态系统有更高的净初级生产力，表现出所谓的"超产现象"（即混种系统的生产力高于其中任一物种的单产）。除了互补性的资源利用，许多物种还能通过提供资源或改善恶劣的环境促进其他物种的生长，这种种间正相互作用也同样可以使生态系统的生产力增加。如固氮细菌和菌根真菌均是与宿主植物共生而可为其他植物提供营养物质的明显例子，另外冠层植物通过对土壤湿度、营养物质和小气候等方面的改善对下层物种产生有利影响、昆虫的授粉等作用也都是种间正相互作用的体现。"超产"现象的有无常常被用于鉴别一个群落是受"抽样效应"支配还是受"生态位互补"支配，因为如果仅是抽样效应起作用，由于抽样效应将群落生产力限制在最高产物种的生产力水平内，因而不会有超产现象发生，而互补效应则会导致混合系统的生产力超过所含各个物种的单产[56]。"抽样-互补"之争也是BEF研究初期争议的主要问题，而近年来人们更倾向于这两种机制不是相互排斥，而是共同起作用的[27]。一般认为，在群落建成的初期，抽样效应占主导地位，但随时间的延长，混合群落发生超产的比例以及超产的强度将不断增加，表明生态位互补作用的增强，即"抽样向互补转型"。

然而，生物多样性变化对生态系统生产力的影响也可能出现不同的结果。如 Waide et al.（1999）[58]对近 200 个实验结果进行统计发现，生物多样性与生产力的关系 30%呈单峰曲线，26%呈正相关关系，12%呈负相关关系，剩余 32%关系不明显。Chapin & Shaver（1985）[59]以及 Chapin et al.（1998）[60]的实验结果表明，物种的丢失对生态系统生产力有微小的影响或没有影响。他们认为这可能主要是由于剩余物种的增长补偿了物种丢失的作用。而 Silvertown et al.（1994）[61]的研究表明，随多样性的升高，生态系统的生产力降低。综合以上研究结果可以发现，生物多样性与生态系统生产力的关系比较复杂，并没有统一的结论和机制，但可以肯定的是野外观测和受控实验中植物密度、均匀度和土壤营养条件的差异[17]，研究者生态学背景、实验方法和分析方法的不同以及研究对象的错综复杂[62]等诸多原因都在不同程度上影响着研究结果。这个热点生态学问题的百家争鸣让我们认识到物种丰富的生态系统于人类而言是多么重要和珍贵，BEF 研究的深入也使研究者们逐渐意识到生态系统能同时提供多种服务和功能的事实，因而我们更应该关注生态系统维持多种功能和服务的能力（生态系统多功能性）[63]，探讨生物多样性影响生态系统功能背后更深层次的作用机制[64]。

1.3　生态系统的多功能性

1.3.1　多功能性概念的提出与发展

生态系统能为人类提供多样的产品和服务，其中除提供食物、纤维、药材及遗传资源等产品外，更为重要的是发挥调节气候、涵养水源、土壤的形成与维持、害虫控制以及物质循环等功能，这些功能构建了整个地球的生命支持系统[65]。如前所述，长期以来，虽然许多研究工作都围绕 BEF 问题展开，但是这些工作大多仅关注生物多样性与单一或少数几种生态系统功能之间的关系（如生产力、凋落物分解或氮磷循环），对生态系统多种功能同时评价和研究的工作还并不多见，而生态系统最为重要的价值是能够同时提供多种服务和功能（生态系统多功能性，Multifunctionality），因此，研究物种多样性与生态系统多功能性之间的关系就变得十分重要。与此同时，如何量化生物多样性丧失对多个生态系统功能的影响，以及多样性对生态系统多功能性的响应与其对单个功能的响应是否一致等问题应运而生[63]。

"Multifunctionality" 一词首先由 Sanderson et al.（2004）[71] 提出，他们认为经营者在管理牧场和草场生态系统时往往只关注初级生产力的提高，而忽略了如环境和美学效益等生态系统其他价值。文中提出从可持续发展的角度出发，人们更应该重视生态系统同时执行多种功能的能力，即 "Multifunctionality"，并从环境效益和经济效益两个角度出发在文中提供了体现生态系统多功能性的 15 个功能特征。Hector & Bagchi（2007）[68] 引用了这一概念，认为生态系统的多种服务或过程就是 "Ecosystem multifunctionality"，并首次定量分析了生物多样性同时对 8 个生态系统过程的影响，发现维持生态系统多功能性比维持单个生态系统功能需要更多的物种。由此，生物多样性与生态系统多功能性的研究才开始受到人们的关注，并逐渐成为现今生态学研究的热点。Zavaleta et al.（2010）[72] 利用美国 Cedar Creek 野外实验数据，第一次在多个时间尺度上分析了群落物种多样性与生态系统多功能性之间的关系。该研究表明，当考虑的功能数目增加时，不同功能组合所需的最小物种丰富度也随之增加，维持多功能性不仅需要比单个功能更高的物种丰富度，而且需要多样化的群落类型。2012 年，Maestre et al.[73] 首次在全球尺度上对干旱地区的自然生态系统进行了研究，应用与 C、N、P 循环有关的 14 个土壤变量评估了生物多样性与生态系统多功能性的关系，结果显示，生物多样性可以有效缓冲干旱地区气候变化和土地荒漠化对生态系统功能的负面影响；此文中所选指标以及评价方法几乎成为近年来生态系统多功能性研究的标准方法。随后，Jing et al.（2015）[77] 采用 Maestre et al.（2012b）[73] 的评价方法，沿气候梯度对青藏高原高山草地的 60 个样点进行调查，系统分析了地上和地下（包括土壤细菌、古菌、菌根真菌和土壤动物）生物多样性对生态系统多功能性的影响。研究发现，地上和地下生物多样性的结合效应相比生物多样性的单个组分对多功能性指数的解释能力更强，并且生物多样性和气候等非生物因子能够共同解释多功能性变化的 86%。Wang et al.（2019）[78] 在东北师范大学的草地放牧平台上的研究也表明，地上和地下生物多样性的增加均能促进生态系统多功能性的提高。总体看来，维持生态系统多功能性比维持单个生态系统功能需要更高的物种多样性，因此，以前专注于单个功能或分类群的研究往往低估了生物多样性对多个生态系统功能的重要性。这些论文的发表，也标志着生态系统多功能性研究正在逐步发展和完善（表 1.1）。

表 1.1　近年来多功能性研究中的关键文献及其选用的
量化指标

作者（年份），期刊	研究对象	多功能性评价选用的功能指标
Sanderson et al.（2004），*Crop Science*	温带草场和牧场生态系统（安大略，加拿大）	1. 总产量；2. 产量的分布；3. 牧草质量；4. 土地的持久性；5. 对杂草入侵的抵抗性；6. 对病虫害的抵抗力；7. 对干旱的抵抗力和恢复力；8. 耐寒性；9. 营养循环；10. 生物多样性；11. 社会价值（美学）；12. 蓄水能力；13. 所蓄水的质量；14. 承载野生动植物；15. 碳固存

（续表）

作者（年份），期刊	研究对象	多功能性评价选用的功能指标
Hector & Bagchi (2007)，*Nature*	BIODEPTH project（欧洲草地实验）	1. 地上生物量；2. 地下生物量；3. 植物氮；4. 速效氮；5. 传递到群落底部的光合有效辐射率；6. 木质素的分解；7. 纤维素的分解
Zavaleta et al. (2010)，*PNAS*	Cedar Creek experiment（明尼苏达州，美国）	1. 对入侵物种的抵抗性；2. 地上净初级生产力；3. 地下生物量；4. 土壤氮利用；5. 昆虫的丰富度和多度；6. 全碳（0~20 cm）；7. 植物氮
Maestre et al. (2012b)，*Science*	全球干旱地区 224 个生态系统	1. 有机碳；2. 葡糖苷酶；3. 戊糖；4. 己糖；5. 芳香化合物；6. 酚类；7. 全氮；8. 硝态氮；9. 氨态氮；10. 氨基酸；11. 蛋白质；12. 潜在的氮转换速率；13. 速效磷；14. 磷酸酶
Maestre et al. (2012a)，*Journal of Ecology*	模式生物土壤结皮实验（地衣群落）	1. 硝态氮；2. 氨态氮；3. 有机碳；4. 全氮；5. 固氮能力；6. 葡糖苷酶；7. 脲酶；8. 磷酸酶
Soliveres et al. (2014)，*Global Ecology and Biogeography*	16 个国家的 224 个干旱地区样地	1. 有机碳；2. 葡糖苷酶；3. 戊糖；4. 己糖；5. 芳香化合物；6. 酚类；7. 全氮；8. 硝态氮；9. 氨态氮；10. 氨基酸；11. 蛋白质；12. 潜在的氮转换速率；13. 速效磷；14. 磷酸酶
Byrnes et al. (2014)，*Methods in Ecology and evolution*	BIODEPTH project（欧洲草地实验）	1. 地上生物量；2. 地下生物量；3. 木质素分解；4. 纤维素分解；5. 透光率；6. 全氮；7. 植物氮
Valencia et al. (2015)，*New Phytologist*	地中海地区的 45 个干旱样地	1. 有机碳；2. 戊糖；3. 己糖；4. 全氮；5. 速效氮；6. 氨基酸；7. 蛋白质；8. 净矿化速率；9. 全磷；10. 有效性无机磷；11. 速效磷；12. 磷酸酶；13. 葡糖苷酶
Jing et al. (2015)，*Nature Communications*	沿气候梯度的青藏高原地区的 60 个样点	1. 地上生物量；2. 地下生物量；3. 有机碳；4. 全氮；5. 速效氮；6. 全磷；7. 植物氮；8. 植物磷

（续表）

作者（年份），期刊	研究对象	多功能性评价选用的功能指标
Wang et al. (2019)，*PNAS*	东北师范大学的放牧实验平台	1. 地上食草性昆虫多度；2. 地上捕食性昆虫多度；3. 地上生物量；4. 地下生物量；5. 植物氮；6. 植物磷；7. 全氮；8. 全磷；9. 速效氮；10. 有机碳；11. 土壤含水量；12. 土壤外生菌根真菌多度

（改自李静鹏，2016）[79]

1.3.2 多功能性的量化

目前，国际上对生物多样性与生态系统多功能性关系研究的关键技术——多功能性的量化方法存在不一致性。已有许多方法用来量化多功能性指数，如平均值法、功能-物种替代法、单阈值法、多阈值法、直系同源法等，这些多功能性测度方法各有优缺点，每种方法的侧重点也不尽相同[80]。下面介绍近年来使用最多的几种量化方法：

（1）单功能法

检验生物多样性对多功能性影响最简单的方法是测定生态系统的各个功能，然后与生物多样性建立关系，从而判断多功能性与生物多样性的关系。研究者常用一般线性模型（general linear model）分析各个生态系统功能和生物多样性间的回归关系，根据回归结果定性地判断多功能性是否随多样性的增加而增加。

（2）平均值法

该方法由 Maestre et al. （2012b）[73] 提出，就是先将不同功能的测定值进行转化，消除量纲之间的差异，之后再平均得到一个可以代表所测功能平均水平的指数，即多功能性指数（M-index）。用平均值法计算多功能性较为简单、直观，当样方面积较大（如 30 m × 30 m）且植被覆盖率较低时，可先根据裸地面积和有植被覆盖面积的比例对所测功能值进行加权平均，然后再进行转化[73]。平均值法的计算公式为：

$$MF_a = \sum g\left[r_i\left(f_i\right)\right] \Big/ F \qquad (1.1)$$

式中，F 表示所测定的功能数；f_i 表示功能 i 的测定值；r_i 是将 f_i 转换成正值的数学函数；g 表示将所有功能的测定值进行标准化。由于有些功能的测定值不能直接反映生态系统的功能，如土壤速效氮含量表征的是植物氮吸收的能力，通常情况下，速效氮含量越低，表示植物氮吸收能力越强。因此，$r_i\left(f_i\right)$ 可以采用 $\max\left(f_i\right) - f_i$ 的形式表示，$\max\left(f_i\right)$ 为前 5% 观测值的平均值。在求平均值之前，所有功能值要先标准化，以保证不同功能能够在同一尺度上进行比较。功能值标准化最常用的两种方法：一是 Z 得分（Z Scores）：测定值减去平均值后除以标准差；二是最大值转化[74,83]：每个功能前 5% 的测定值取平均值作为该功能的最大值，然后计算每个测定值与最大值的比值。

（3）单阈值法

该方法评估随着多样性的增加达到某一阈值水平的功能数的变化，表示在某一阈值条件下生态系统整体功能的水平。此方法的关键是阈值的确定，阈值是指每个功能所观测到的最大值的比例（如 25%、50%、75% 等）[72]，通常用最大值法来确定某一功能在所研究生态系统中的最高水平。得到最大值后，由最大值乘以一定的百分比就可以确定阈值 t_i，研究者可根据研究目的自行选择某一百分比。一般常用最大值的 50% 作为阈值来评价每个功能在生态系统中的表现。多功能性指数计算公式为：

$$MF_t = \sum\left[r_i\left(f_i\right) > t_i\right] \qquad (1.2)$$

（4）多阈值法

多阈值法由 Byrnes et al.（2014）[63] 提出，计算多功能性指数的方法与单阈值法完全相同，但多阈值法计算了从 0~100% 的所有阈值，对每个阈值都计算相应的多功能性指数，因而得到的信息也更为准确和全面。

上述这些计算多功能性指数的方法各有优缺点，比如单功能法对生态系统的每个功能和生物多样性之间的关系都进行了分析，有助于阐明多功能性是由哪一个功能所驱动的，但是它难以评估生态系统的整体功能，对功能也只能作定性描述而不能进行定量分析[80]；平均值法直截了当且所得结果容易解释，可以较明确地评估多样性的变化对生态系统多个功能的平均影响，并能衡量群落同时维持多个生态系统功能的能力，但该方法不能区分一个物种对不同功能重要性的差异并无法分辨多样性对单个功能的影响[73]，也未考虑不同功能的权重[80]；单阈值法优点是较灵活，多样性与多功能性的关系不管是线性还是非线性对测定结果都没有影响，即使功能间存在权衡、交互作用等问题，也能很好地获取达到阈值的功能数且适用范围广[63]，但其对阈值的选择较为随意，而不同的阈值可能得到的结果截然不同；多阈值法不仅拥有单阈值法的优点，且克服了单阈值法阈值选择任意的问题，因而比单阈值法提供的信息更多、更全面[63]，用该方法测定的多功能性指数可以在不同实验间进行比较，然而，它提供了一系列的测度指标，相对而言比较繁琐，也不能测定多样性对单个生态系统功能的影响[80]。综上所述，仅靠一种方法很难对多样性与多功能性的关系进行全面分析。因此，在多功能性量化方法有所突破和统一以前，研究者在进行研究时应该结合多种分析方法以取长补短。例如，在用平均值法量化多功能性时结合单功能法[77]，既能得到多样性变化对生态系统多个功能的平均影响，又可根据单功能法得到每个功能如何随多样性的变化而变化，从而有助于研究者发现多样性与多功能性之间的潜在关系。

生态系统多功能性概念的提出与发展使人们在关注多样性对单一生态系统功能影响的同时，也开始从整体和全局的视野探究多样性对生态系统所提供的多种服务和功能的价值，这将有助于人类更加合理地利用和保护生物及自然生态系统。

1.4　功能多样性

1.4.1　功能多样性比物种丰富度对生态系统功能的预测能力更强大

迄今为止，多数 BEF 研究均以物种多样性（物种丰富度）为基础，但是日益增加的证据表明，群落的功能性状多样性（如植物高度、光合途径、叶片氮磷含量等）常常比物种多样性更加重要。与物种分类多样性相比，功能性状通过对物种生长、繁殖和生存的影响为研究者们提供了一个客观衡量生物体在生态系统功能中作用的指标，与生态系统功能的关系更加紧密，同时，它也决定了物种多样性与生态系统功能关系的强度和具体的作用形式[87]。因而，用功能多样性的方法来预测生物多样性与生态系统功能之间的关系可能更为合适[49,88]，如 Tilman et al.（1997，2001）[47,89]的研究结果表明，物种丰富度、功能多样性和功能组成 3 个因子对群落初级生产力、植物总氮和光合速率等生态系统过程都有影响，但功能组成和多样性是其中的主导因子。Díaz & Cabido（2001）[87]分析总结了全球学者研究过的生物多样性对生态系统过程影响的 25 个实验的结果，得到了相同的结论，即功能组成和功能多样性比物种丰富度对生态系统功能或过程的作用更大。Hooper et al.（2005）[9]总结生物与非生物因子对物种多样性（物种丰富度、均匀度、物种组成和种间关系）的影响时也发现，物种多样性对这些因子的响应最终都是通过物种功能性状进而影响到生态系统的功能与服务的。因此可以说，功能性状的多样性比物种多样性更能准确地预测生态系统功能或过程的变化，是生态系统功能或过程的主要决定者。

1.4.2 功能群多样性和功能多样性

BEF 领域的功能多样性（functional diversity）最早由 Tilman et al.（1997）[47]提出，他把物种多样性定义为物种的数目，而把功能多样性定义为功能群的数目，虽然研究结果表明，群落生产力随物种多样性和功能多样性的增加均显著增加，但笔者认为功能多样性要比物种多样性对生态系统功能的影响更大。这里提到的功能多样性在以后更多地被称为功能丰富度，即功能群的数目（functional richness），此文中选用的功能群方法在其后的一些研究中也常常被沿用。如 Hooper（1998）[25]根据植物不同的生长型、表型、根的深度以及凋落物等特征将草地植物划分为：早季一年生杂草、晚季一年生杂草、多年生丛生杂草、固氮植物4 种功能类型。高凯等（2013）[93]将不同物种按生态型划分为：旱生植物、中旱生植物、旱中生植物、中生植物等不同功能群。已有研究发现，功能群丰富度的增加可以促进生态系统初级生产力，抑制生物入侵[95]，并能调控生态系统对干扰的响应[96]。此外，由于不同功能群在不同季节对资源的最大利用率不同，因而功能群多样性越高的群落，其系统的功能越能得以充分发挥[83]。然而，功能群本身是个脆弱的实体[97]，这种测定方法可能会丢失一些连续变量所呈现的信息[98]，并忽略了物种多度的重要性[87]。同时，在同一植物群落中，用不同的功能群划分方法将会得到不同的研究结果[99]，同类研究结果之间也很难进行汇总和比较，不利于 BEF 研究的深入。

时至今日，功能多样性的研究主要与物种具体的功能性状相联系，目前研究者较为广泛接受的一个定义是：功能多样性是指特定生态系统中所有物种功能性状的数值和范围[87]。据此定义，功能多样性的实质就是功能性状多样性（Functional trait diversity）[100]，而功能性状是指那些可影响生态系统过程或功能的生物特征[89]。如形态的（植物的叶面积、植株高度、蚂蚁的头宽）、生理的（植物氮磷含量）、行为的（蜜蜂独居还是群居、昆虫觅食搜索范围）、物候或节律的（植物开花和结实时间、昆虫成虫期长度）等。因此，功能多样性的研究实际是在测定有机体功能性状的基础上完成的[102]。虽然功能性状的测定比物种数目的统计要困难，但是由于它充分考虑了各个物种在生态系统功能中的作用，并克服了传统物种多样性指数以有无和多寡来同等对待每个物种的不足，故而功能多样性指数相较于物种多样性指数，与生态系统功能之间具有更强的相关性，测定较小数量的功能性状值要比测定整个群落的每个物种更为有效。

1.4.3 功能多样性的量化

近年来，由于物种功能性状的功能多样性研究在生态学中受到普遍重视，因而有不少关于其量化方法方面的尝试。以下为近年来最常用的几种量化方法：

（1）功能丰富度指数

群落的功能丰富度（functional richness）不仅取决于物种所占据的功能生态位，也取决于功能性状值的范围。它表明了物种在群落中所占据的功能空间的大小[105]。其计算公式为：

$$FR_{ci} = SF_{ci}/R_c \tag{1.3}$$

式中，SF_{ci} 为群落 i 内物种所占据的生态位；R_c 为性状 c 的绝对性状值范围。

（2）功能均匀度指数

功能均匀度（functional evenness）表明了群落内物种功能性状在生态空间中分布的均匀程度，体现群落内物种对有效资源的全方位利用效率[106]。计算公式为：

$$O = \sum \min (P_i, 1/S) \tag{1.4}$$

式中，P_i 为物种 i 的相对性状值；S 为物种数。

（3）功能趋异度指数

功能趋异度（functional divergence）是由 Mason et al. (2003)[107]提出的。它定量描述了群落内性状值的异质性，反映了一个群落中随机抽取的两个物种，其功能性状值相同的概率，同时也体现了物种间生态位的互补程度[100]。较高的功能趋异度表明种间生态位互补程度较强，资源竞争较弱，因此生态系统的功能也较强[105]。其计算公式为：

$$FD_{var} = 2/\pi \arctan \left\{ 5 \times \sum \left[(\ln C_i - \overline{lnx})^2 \times A_i \right] \right\} \quad (1.5)$$

式中，C_i 为第 i 项功能性状值；A_i 为第 i 项功能性状的相对多度；lnx 为物种性状值自然对数的加权平均。群落的功能趋异度指数由群落内各物种的功能趋异度指数的平均数表示。

（4）Rao's 二次熵指数

Rao's 二次熵指数其实是 Simpson 多样性指数的一般形式，它整合了物种多度与物种对之间功能性状差异的信息，用群落内物种间功能性状分布的差异程度来评估功能多样性[108,109]。计算公式为：

$$FD_Q = \sum \sum d_{ij} p_i p_j \quad (1.6)$$

式中，d_{ij} 是物种 i 和物种 j 功能性状的差异，常用欧式距离表示，可以处理多种类型的数据，如分类数据、二元定性数据、顺序数据和定比数据等；p_i 和 p_j 分别是物种 i 和物种 j 的相对多度。

（5）功能离散度指数

功能离散度指数（functional dispersion）是由 Laliberté & Legendre（2010）[110]提出的，它定量描述了群落内各物种间功能性状值的变化，通常与 Rao's 二次熵指数有很强的相关性[110]。其计算公式为：

$$FD_{is} = \sum (a_j z_j) / \sum a_j \quad (1.7)$$

式中，a_j 是物种 j 的多度；z_j 是物种 j 到加权的形心 c 的距离，而形心 c 的计算为：

$$c = \sum (a_j x_{ij}) / \sum a_j \qquad (1.8)$$

式中，x_{ij} 是物种 j 的功能性状 i 的性状值。

（6）CWM 指数

群落水平的性状加权平均数指数（community-weighted mean of traits，CWM），定义为群落内物种功能性状的加权平均值[111]。CWM 表明生态系统功能或过程主要受群落内优势种的功能性状所驱动，其每个性状被单独计算[112]。计算公式如下：

$$CWM = \sum p_i \times trait_i \qquad (1.9)$$

式中，p_i 为群落内物种 i 的相对多度；$trait_i$ 为物种 i 的功能性状值。

以上这些功能多样性指数的量化方法，都有着严密的理论基础，并且在实际研究中也取得了较好的效果[113]。

1.4.4 功能多样性与生态系统功能关系的研究

随着人们对功能多样性认识的深入及其在解释一系列生态学问题时所表现出的优势，功能多样性与生态系统功能关系的研究呈现出蓬勃发展之势[114]。同时，尽管国内在功能多样性及其与生态系统功能关系的研究中起步较晚，但是近年来也取得了许多有价值的研究成果。关于植物功能性状的研究主要集中在以下 3 个方面。

1.4.4.1 植物功能性状与环境因子的关系

植物的生长发育会受到周围众多环境因子的影响，主要包括气候（温度、水分、光照等）、土壤养分状况、地形地貌（海拔、坡度、坡向等）以及干扰（放牧、割草、火烧等）等因素。温度不仅可以影响植物的光合作用，增加 C_4 植物在群落中的比例[119]，而且可以影响植物的比叶面积、气孔导度等功能性状[120]。水分是生物体生长繁殖所必需的条件，因而对植物功能性状的作用更为显著，许多研究表明植物的功能性状如叶片长度、宽度、比叶面积、株高等均会随着降水量的增加而增加，但水分对植物功能性状的影响通常因不同的生态区域而出现不同的研究结果，甚至存在相反的结论[123]。光照对植物叶片功能性状的影响比较明显，随着光照的增强，叶片大小和比叶面积都减小，而叶间距增大[124]。土壤养分状况也与植物的功能性状存在密切的关系，已有研究发现，比叶面积、株高及叶片氮磷含量都与土壤营养状况存在着显著的相关性[125]。海拔、坡度、坡向等地理因素则通过影响温度、水分、土壤养分等资源的再分配，从而间接影响植物的功能性状，具有显著的尺度效应。而一系列的人为干扰，如放牧、火烧、割草等土地利用的变化均会影响诸如植物高度、叶面积、根系深度等性状，同时也会影响植物的生活型和繁殖方式。

1.4.4.2 植物功能多样性与物种多样性的关系

由于功能多样性指数与传统的物种多样性指数存在紧密的联系，且功能多样性与物种多样性研究可以揭示群落中物种共存的关键机制，因此，很多研究依然关注这两种不同的多样性指数间的关系，以及它们与生态系统功能的关系[84]。已有研究表明，物种多样性与功能多样性之间具有正相关[130]、负相关[131]、S形曲线[132]和不相关[133]4种关系。生态位分化理论和极限相似原理预测物种多样性与功能多样性二者趋向于正相关关系，即每个物种的功能性状具有唯一性，因而当物种多样性增加时，现有功能性状的范围也将被扩大。当物种间性状的功能有所重叠时，二者间的显著正相关就逐渐转变为减速递增，甚至会出现饱和的现象，即物种多样性的增加将不会再导致功能多样性的增加[116]。然而，物种多样性与功能多样性的关系比较复杂，并不是固定不变的，李瑞新等（2016）[134]认为二者间呈现何种关系与环境资源及外界干扰息息相关，故应在考虑外界环境因子与干扰类型的条件下，进一步探究二者间的相关关系。

1.4.4.3 植物功能多样性与生态系统功能的关系及维持机制

尽管许多研究都证明了物种多样性与功能多样性对生产力等生态系统功能均具有正效应，但依然存在两个方面的争议。一是物种多样性与功能多样性在维持生态系统功能中的相对重要性。已有大量的研究认可了物种多样性对生态系统功能的贡献，近年来很多证据也表明功能多样性相较于物种多样性能更好地预测生态系统功能[92,139]。尽管如此，二者怎样影响生态系统功能一直缺乏足够多的研究成果。二是功能多样性与生态系统功能关系的维持机制。关于其维持机制目前主要有两种假说：一种是质量比假说（Grime 1988）[140]，另一种是多样性假说[110]。前者主要由抽样效应（选择效应）支持，认为多样性高的群落中可能包含更多具有较强竞争能力的物种（优势种），优势种的功能性状主要决定生态系统的功能[92]，通常使用群落水平的性状加权平均值（CWM）来衡量；后者主要由生态位互补效应支持，认为多样性高的群落中功能性状的差异更大，这些差异将会大大增加对资源的互补性利用效率，从而提高生态系统的功能，通常使用功能多样性指数（Rao's 二次熵指数或功能离散度指数）来衡量。

关于质量比假说和多样性假说在功能多样性与生态系统功能关系中的相对重要性并未得到一致的结论[92,100]，目前的研究更倾向于支持两种假说并不互相矛盾，而是共同解释生态系统功能的变化。Cardinale et al.（2011）[142]通过 meta-analysis 分析发现，支持质量比假说的选择效应和支持多样性假说的互补效应在功能多样性与生态系统功能关系中的作用基本各占50%，二者是联合作用的，是不能随意分离的。因此，评定两种假说的重要性已成为今后群落生态学关注的重要问题之一。

1.4.5　合适的功能性状的选择

　　群落的功能多样性是以一系列物种的功能性状为基础计算的，这就引发了一个问题：应该如何选择合适的功能性状？因为生态系统的功能很多时候是与有机体的功能性状以及这些性状在时间和空间上的多度与分布格局相联系的[9]，因此，应该选择那些与研究所涉及的生态系统功能密切相关的功能指标。此外，物种在群落中的功能主要由其获取和保留资源的能力以及耐受环境胁迫和竞争的压力所决定的[143]。然而，这些硬性性状对于大多数物种而言直接测定的难度较大；相反，诸如物种的形态性状这样一些软性性状则比较容易获得，并且与特定的生态系统功能有紧密关系[144]。如植物的比叶面积可作为植物获取光策略的重要指标[145]，叶片厚度可作为植物对资源吸收利用对策的替代指标[146]，而植物高度可作为植物竞争资源能力的代表。因此，在实践中常用这些软性性状来代替植物的硬性性状探究功能多样性与生态系统功能的关系。比如，Roscher et al. （2013）[149]在德国耶拿草原研究生物多样性与生产力的关系时，认为温带草原限制生产力最关键的两种资源是光和氮，故而他们选择了与植物获取这两种资源有关的功能性状来量化功能多样性。Ren et al. （2018）[150]在内蒙古草原研究家畜不同放牧强度对生态系统多功能性的影响时，同时选择了对放牧干扰和植物养分获取等功能响应较为明显的性状，如植物高度、比叶面积、叶片氮含量以及叶片干物质含量等。

　　综上所述，功能多样性作为全新的生物多样性指标，能够使我们更全面深入地了解功能性状及其与生态系统功能的相互作用机制，有助于更好地应对全球气候变化和人类干扰日益加剧情景下生物多样性丧失的生态学后果。

1.5　土壤微生物和动物多样性对生态系统功能的影响

　　土壤是高度多样化的，据估计，每克土壤中含有多达 10 亿个细菌细胞，包括数以万计的类群、长达 200 m 的真菌菌丝以及大量的土壤动物类群[151]。土壤微生物作为土壤多种生物化学过程的主要参与者与调节者，是生态系统中营养物质在源和汇之间流动的巨大动力，它在植物凋落物分解、养分循环与土壤理化性质的改善中均起着非常重要的作用[152]。而土壤动物作为陆地生态系统最丰富的组分之一，具有数量众多、种类复杂、体形差异大、食性和功能多样等特点，其多样性远高于植物和大型动物[153,154]。据 Decaëns et al.（2006）[155] 报道，目前全球已被描述的土壤动物多达 36 万种，大约占所有被记载生物的 23%，其中节肢动物无论是类群和数量还是对生态系统功能的影响都有较大的优势，其在营养物质的矿化、分解、储存及能量释放等过程中发挥着关键的作用。同时，节肢动物以地上植物、地下根系及土壤有机质为食，植被生产力、土壤理化性质及群落结构的变化均会影响节肢动物的种群多度及群落构成。由此可见，陆地生态系统的地上与地下生物多样性间是相互联系的，它们能够共同调控生态系统的多种功能，因而阐明土壤生物多样性丧失可能会给生态系统功能带来的影响至关重要。然而迄今为止，大多数的研究仍集中于地上植物群落，而地下土壤微生物和动物对生态系统功能的贡献还所知甚少[77]。

　　Wagg et al.（2014）[69] 通过微宇宙实验，在典型草原群落中建立了物种组成与多样性不同的土壤微生物和动物群落，并检验了它们对 8 个生态系统功能的作用。结果表明，土壤生物多样性丧失和群落组成的简单化会降低生态系统的多种功能，并且随着

23

时间的推移表现出越来越强的抑制作用。另外，植物多样性也随着土壤生物多样性的降低和土壤群落的简单化而降低。van der Heijden et al.（2015）[161]对其早期的实验数据进行分析发现：丛枝菌根真菌和外生菌根真菌与植物生产力、凋落物分解等多个生态系统功能显著相关，且对氮、磷摄取等许多生态系统过程的贡献很大，有的贡献甚至达到90%。由此说明，菌根真菌的存在能够促进生态系统功能的提高。以上关于地下生物多样性和生态系统功能关系的研究表明，土壤群落的组成和多样性对生态系统多种功能的维持和调节具有普遍且重要的作用。

然而，另外一些学者结合野外大尺度的相关分析对土壤微生物和土壤动物的研究发现，土壤生物多样性和生态系统功能的关系尚不明确。不同研究结果表明，土壤生物多样性对生态系统功能或过程不仅具有正效应，也出现了负效应或中性效应。所以说，地下生物多样性的减少是否会影响生态系统的综合功能仍未有确切答案[69]，未来的研究应该更多地关注地上和地下生态过程的结合对生态系统结构和功能的调控作用。

此外，大部分关于功能多样性与生态系统功能关系的研究只考虑了一个营养级水平，即植物多样性，而忽略了土壤微生物和动物的功能性状对生态系统过程的重要作用。另外，过去的大多数研究均通过物种剔除或在人工组建的群落中开展，而在野外自然群落中开展的实验研究相对缺乏[167]。自然群落中的物种组成是在漫长的历史演化过程中，与环境相互依赖、相互作用，从而适应当地条件所形成的特定结构，是对环境的综合响应。因此，基于自然群落中多个营养级水平的功能性状和单一或多个生态系统功能的测定与探究，有助于我们更深层次地揭示生物多样性和生态系统功能之间的内在联系。

1.6 不同土地管理方式对生物多样性和生态系统功能的影响

近半个世纪以来，由于人类社会和经济的飞速发展所产生的大气及水体污染、土地退化乃至气候的变化从局域扩展至全球范围，导致了生物多样性的锐减，改变了生态系统的群落组成和结构，严重影响了生态系统的服务和功能；这些由于人类活动直接或间接造成的，出现在全球范围内的一系列生态环境的变化，就是当今科学界广泛关注的全球环境变化或称全球变化[172]。全球变化背景下生物多样性急剧丧失并给生态系统功能带来的严重后果，已引起各国政府和学者的高度重视[173]。

许多学者就全球气候变暖和降水格局的改变对生物多样性和生态系统功能的影响展开研究。实验表明，气温升高总体上使生物多样性减少或趋于减少，Klein et al.（2004）[174]的研究结果显示青藏高原气温的升高将导致高寒草地物种的丰富度降低26%~36%；而生产力对气候变暖的响应并不一致，增温状况下生产力增加、减少或不变都有例证。降水格局的改变会引起群落结构发生适应性的变化，对生物多样性、物种之间的关系以及生态系统结构和功能的影响具有显著性[178]。例如，增加降水使优势种的相对重要值有所降低，而某些种的重要值升高，其中灌木和阔叶杂草的生物量明显增加[179]。土壤动物对环境变化敏感，空气湿度和土壤含水量的变化也对土壤动物的生长发育、繁殖和存活等产生明显的影响[180]。有研究发现，在荒漠草原区沙质草地增水处理后，土壤水分条件的改善可以促进更多不同类群的土壤动物前来定居和生活，这也可能与增雨处理后地上植物物种丰富度逐渐增加紧密相关[181]。宋敏（2016）[182]在对中国北方平原弃耕草地生态系统地表节肢动物的研究中发现：增加降水使节肢动物的

数量明显增加了 66.9%，使整个群落的类群数明显增加了
27.8%。

生物多样性和生态系统功能受全球气候变化影响显著，受直接的土地利用方式的影响同样强烈[90]。人类干扰不断加强所导致的土地利用方式的变化是当前生物多样性丢失和生态系统功能变化最强的驱动因子。土地利用变化对生态系统过程或功能的影响可以直接通过改变土壤的理化性质实现[185]，也可以间接通过影响植物和土壤群落的结构和多样性实现。在内蒙古草原，放牧、刈割和围封是 3 种常见的土地管理方式，放牧作为一种选择性的干扰，可以通过选择性采食、践踏和动物粪尿沉积等多种机制改变植物群落的组成和资源的可利用性[188]，或许也可以增强植物对草食动物抗性性状的发展[189]。许多研究已经表明，适度放牧可以降低植物种间竞争，增强生物多样性，并进一步改善土壤养分循环和生物生长。放牧干扰对土壤动物群落亦具有明显影响，研究认为放牧对草原土壤动物的影响与放牧强度和方式以及草原的类型有关，也与土壤动物不同类群的生物学和生态学特征有关[194,195]。刈割主要通过非选择性植物生物量的移除来影响生物群落和生态系统功能[196]，这可能会促进植物物种的补偿性生长和土壤养分的矿化[197]。同时，刈割时间和刈割频率对土壤动物群落也有正面或负面的影响[198]。而围栏封育以其投资少、见效快、可实践性强等诸多优点被广泛应用于退化草原的恢复重建过程中[199]，长期围封可能导致植被组成和土壤资源的有效性发生重大变化，从而影响地下土壤生物，最终影响生态系统功能[188]。综上可见，土地管理方式造成的生境和群落中生物多样性的变化都强烈影响着生态系统的功能和服务，因此，在不同管理方式下探讨不同类群的生物多样性与生态系统功能的关系将对草地生态系统的可持续性经营和管理提供重要的理论和实际依据。

1.7 研究内容、目的与意义

本研究在内蒙古大学草地生态学研究基地进行，依托 2011 年建立的草地管理实验研究平台，以放牧、刈割和围封样地为研究对象，连续两年（2017—2018）对其展开群落调查、植被土壤生物取样以及功能性状与环境因子等的测定，①分析不同土地管理方式下，生态系统多功能性指数以及与 C、N、P 循环和生产力相关的功能在各处理间的差异，并探讨植物、土壤微生物和节肢动物多样性与生态系统多功能性以及与养分循环和生产力等功能之间的关系；②测定植物和节肢动物的功能性状，量化功能多样性指数来比较植物和节肢动物的物种多样性及功能多样性在不同管理方式之间的差异，并进一步探究环境因子、植物和节肢动物多样性（包括物种多样性和功能多样性）以及草地生产力之间的相互作用关系；③分析 3 种管理方式对草原植物和节肢动物群落生产力、优势种功能性状以及土壤理化性质造成的影响，比较各个指标在处理间的差异，并分别评估土地管理方式和 2 年降水量的变化对植物和节肢动物群落生产力直接和间接影响（通过植物和节肢动物多样性的变化）的相对重要性。

本文通过采用 BEF 领域最新的多功能性和功能多样性的概念与研究方法，使我们从新的视角和思路认识生物多样性与生态系统功能间的关系，以更为具体的切入点来探究物种对生态系统功能的作用途径与机制，可以为内蒙古草地的可持续经营和管理提供有益的科学参考。

第 2 章 不同管理方式下草地生态系统多功能性与不同类群生物多样性间的关系

　　长期以来，生态学家已经认识到生物多样性是维持生态系统功能的基础。生物多样性影响生态系统功能（BEF）最早由 Darwin（1859）提出[32]，此后在 20 世纪末和 21 世纪初诸多学者广泛开展了大量的野外受控实验来进行 BEF 关系的研究和论证。多数 BEF 研究表明物种多样性能够增强生态系统功能。然而，这些工作大多仅关注生物多样性与单一或少数几种生态系统功能间的关系，如生产力、凋落物分解或土壤养分循环，而生态系统最为重要的价值是能够同时提供多种功能和服务，即生态系统的多功能性（Multifunctionality），因此，物种多样性与生态系统多功能性之间关系的研究就变得非常重要。

　　此外，从已发表的研究成果可以看出，生物多样性与生态系统多功能性的研究大多集中于地上植物群落，地下土壤动物和微生物对多功能性的贡献在很大程度上还未被探索。土壤是高度多样化的，其庞大的生物多样性对植物生产、凋落物分解、有机质矿化以及养分循环等一系列生态系统功能都发挥着十分重要的作用。近年来，学者们对土壤生物多样性与生态系统多功能性之间关系的研究日益深入，然而在不同土地利用方式下，土壤生物多样性与地上植物多样性共同对生态系统多功能性的影响尚不清楚。

　　人类活动不断加强所导致的土地利用方式的变化是当今生物

多样性丢失[183]和生态系统功能变化最强的驱动因子。土地利用变化通过影响植物和土壤群落的结构和多样性对生态系统功能的影响可以是直接的[185]，也可以是间接的。放牧、刈割和围封是内蒙古草原，也是世界许多其他草原区常见的 3 种土地管理方式。放牧可以通过选择性采食、践踏和动物粪尿沉积等途径改变植物群落的组成和资源的可利用性[188]。适度放牧是指草场的放牧量与草场的承载能力达到一种动态平衡时的放牧强度，关键是草食动物能够引发植物的生长补偿机制，并促进初级生产力的提高[212,213]。许多研究已经发现，适度放牧可以降低植物种间竞争，增强物种多样性，并进一步改善土壤养分循环和生物生长。刈割主要通过非选择性植物生物量的移除影响生物群落和生态系统功能[196]，这将会促进植物物种的补偿性生长和土壤养分的矿化[197]。而围封现在已被广泛应用于退化草原的恢复和重建过程中[199]，长期围封可能导致植被组成和土壤资源的有效性发生重大变化，进而影响地下土壤生物，并最终影响多种生态系统功能[188]。因此，在不同的土地管理方式下，探究和理解内蒙古草原地上和地下生物多样性变化对生态系统多功能性的影响具有十分重要的意义，它可以增强生物多样性对多种生态系统功能和服务的预测能力。

基于此，本文以内蒙古草原为研究对象，通过 6 年的实验处理，分析了不同管理方式下典型草原地上和地下生物多样性与C、N、P 循环和生产力相关的功能以及与生态系统多功能性之间的关系，目的是探究不同的管理方式是如何通过植物和土壤生物多样性的变化影响生态系统多功能性的。本研究预测：①适度放牧下的草地具有最高的生态系统多功能性以及养分循环和生产力相关的功能，而围封下的草地这些功能最低；②不同土地管理方式下生态系统多功能性的变化可以通过生物多样性的不同组分（包括植物多样性、土壤动物多样性、细菌多样性和真菌多样性) 对管理方式的响应来预测；③地上和地下生物多样性的结合要比单组分生物多样性对生态系统多功能性变化的解释能力更强。

2.1 材料和方法

2.1.1 研究地点和实验设计

实验在内蒙古大学草地生态学研究站内进行，该研究站位于内蒙古自治区锡林浩特市东部 50 km 处（44°10′N，116°28′E，1 101m asl）（图 2.1a 展示研究地位置）。本区域隶属温带半干旱草原气候，年平均气温 -0.5℃，最冷月为 1 月（-19.6℃），最热月为 7 月（21.8℃）。年平均降水量 315 mm，降雨在年际间有广泛波动，其中 80% 集中在 5—9 月。主要优势植被是羊草 [Leymus chinensis（Trin.）Tzvel.]、克氏针茅（Stipa krylovii Roshev）和糙隐子草 [Cleistogenes squarrosa（Trin.）Keng.]。土壤属沙壤栗钙土，平均 pH 值为 8.07（0~20 cm）。

本实验样地建立于 2011 年，旨在研究不同土地管理方式对草地生态系统的影响。实验研究的草地是本地区天然草原植被的典型代表。该草地地势平坦，在实验建立之前一直进行适度的放牧利用。草地于 2011 年开始围栏，2012 年进行各种土地利用处理。本文所考虑的土地利用处理类型为：①生长季放牧（G1）：5—9 月每个月 20 日开始放牧，直至牧后留茬高度达到 6 cm 为止；②春夏放牧（G2）：5 月和 7 月放牧 2 次，每次依然是 20 日开始，牧后留茬高度 6 cm 停止；③一年一次刈割（M）：割草时间为每年 8 月 20 日，留茬高度为 6 cm；6 cm 的留茬高度一直被认为是草地可持续利用的合理高度[210]；④围封（E）：自 2011 年起不再进行放牧。这 4 种处理按照完全随机区组设计，每种处理重复 3 次，每个重复小区的面积为 1 100 m² （1/9 hm² = 33.3m×33.3m）（图 2.1b 展示实验小区的布局）。放牧处理使用乌珠穆成年羊，每个放牧小区放 6 只羊；由于相同的放牧数量和相对较高的留茬高度，我们认为 G1 和 G2 的放牧强度相似且适度，但 G1 较频繁的放牧对草地的影响可能大于 G2。2017 年放牧季开始前，在 G1 和 G2 每个小区设置 4 个 1m×1m 的围笼，以便评估植物生长高峰期（8 月）植物群落的多样性。

2.1.2　植物取样和分析

植物和土壤群落的取样于 2017 年 8 月中旬进行。在 12 个小区（4 种处理×3 个重复）的每个小区内，设置 4 个 1 m×1 m 的样方对植物群落进行调查（放牧处理 G1 和 G2 分别设置 4 个围笼；图 2.1b），用样方表记录物种的丰富度和多度，之后按物种齐地面剪下分别装于不同的信封内，带回实验室 65℃烘 48 h 至

（a）

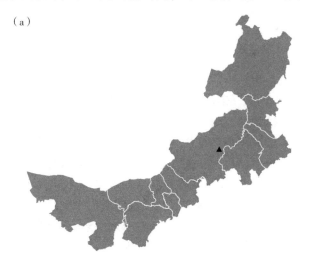

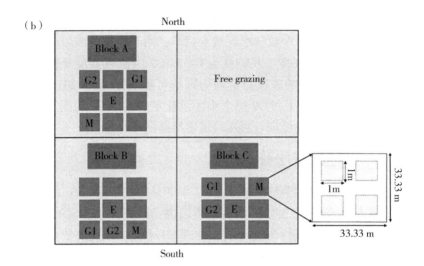

图 2.1　内蒙古大学草地生态学研究站位置及样地设置示意

（a）研究地的位置（黑三角）（审图号 GS（2019）1822 号）；（b）实验小区的布局。本研究共考虑了 4 种处理类型。E：围封；G1：生长季放牧；G2：春夏放牧；M：一年一次刈割。在每个小区的 4 个角上分别设置 4 个 1m×1m 的样方

恒重后称重。将烘干后的地上干物质研磨成细粉，并用元素分析仪（Vario EL Ⅲ，Elementar，Hanau，Germany）和钼锑抗比色法分别测定植物氮和磷含量。

刈割和围封草地内植物生长高峰期的总地上生物量被用作地上生产力的指示指标。而对于放牧草地（G1 和 G2），在每个小区每次放牧前分别设置 2 个 1 m×1 m 的围笼，利用每个围笼内外生物量的差值来估算每次放牧前后绵羊的采食量。因而放牧草地的地上生产力为当季采食量与末次放牧残留量之和。此外，在每个移除地上植物的 1 m×1 m 样方内，用直径为 7 cm 的土钻取 3 钻 0~30 cm 土层的土，然后 3 钻合一用于估算植物根系生物

量。将所取土样过筛（网眼直径为 0.25 mm）冲洗收集根，并于 65℃下烘 48 h 至恒重后称重。地下生物量换算成单位体积内根的干重。

2.1.3　土壤取样和分析

在每个小区 4 个移除植物的样方内，用直径为 5 cm 的土钻取 4 钻 0~20 cm 的表土混合样，之后将其混合成一个样本，即每种处理 3 个重复。将每个新鲜的土壤混合样过 2 mm 筛去除可见的根和石子，之后将样本分为 3 份。其中 2 份立即置于冰上运回实验室，分别保存在-20 ℃以备微生物 DNA 提取和 4 ℃以备土壤速效氮分析，另外一份风干后以备其他土壤理化性质的分析。

（1）土壤理化分析

首先加入过量的盐酸将无机碳酸盐分解成 CO_2，以去除无机碳对测量结果的干扰[214]，然后用 liquiTOC 分析仪（Elementar，Hanau，Germany）测定总有机碳（TOC）。而总氮（TN）用 Vario MACRO 元素分析仪（Elementar，Hanau，Germany）测定。采用 KCl 萃取法提取土壤速效氮（AN：NH_4^+ 和 NO_3^-），并用流动分析仪（AA3，SEAL Analytical，Germany）进行分析。土壤速效磷（Olsen-p；AvP）用钼锑抗比色法测定。使用土壤酶试剂盒（科铭生物技术有限公司，苏州，中国），分别采用靛酚蓝比色法和磷酸苯二钠比色法测定土壤脲酶（S-UE）和碱性磷酸酶（S-AKP）活性。土壤脲酶的测定原理是：脲酶水解尿素生成 NH_4^+-N，其在强碱性介质中与次氯酸盐和苯酚反应可生成水溶性的靛酚蓝；土壤碱性磷酸酶的测定原理是：磷酸酶催化磷酸苯二钠水解成苯酚，其与氯代溴苯醌亚胺试剂反应显色，用比色法可测定出游离酚量。之后用多功能酶标仪（Epoch，BioTek，USA）分别测定它们在 578 nm 和 660 nm 处的吸光度。温室气体（CO_2 和 CH_4）是使用密闭的静态箱法通过高效气相色谱仪测定的（7890A，Agilent Technologies，California，USA）。具体方法为：每个处理小区设置 3 个静态箱，内径为 0.4 m×0.4 m×0.4 m（长×宽×高）。箱体外附一层由隔温材料和反光材料复合制成的隔温层，以最小化箱体在阳光暴晒下升温对取样的影响。静态箱内配置 PC 风扇（12 cm×12 cm）和气温计。风扇的作用是将气体混合均匀，气温计用来记录箱体内的温度。设置与静态箱配套的 U 型槽，插入土壤约 5 cm 深处，采集气体前在 U 型槽内加水至槽深的 2/3 处，以保证箱内的气密性。在 2017 年生长季（5—9 月），每隔 7 d 每 2 h（从 6：00 到 24：00）采集一次气体样本。将静态箱扣在 U 型槽上，接入风扇电源计时 5 min，以便将气体充分混合均匀，之后将秒表归零进行气体采集。使用 200 mL 注射器分别在 0、10、20、30 min 采集气体，并及时将针筒中的气体注入气体采集袋中。采集后的所有气体样本立即带回实验室，使用气相色谱仪测定气体浓度。为了与植物和土壤生物取样保持一致，本文使用了 8 月 4 日、18 日和 25 日 3 个日期测定数据的平均值表示气体通量（由于连续降雨，因而未能测定 8 月 11 日的气体通量）。

（2）土壤微生物 DNA 提取和高通量测序

使用 FastDNA 土壤试剂盒（MP Biomedical，Carlsbad，CA，USA）从 0.5 g 土壤中提取了微生物的总 DNA。DNA 样品浓度和完整性分别通过荧光定量和琼脂糖凝胶电泳检测（琼脂糖凝胶浓度：1%；电压：150 V；电泳时间：40 min）。对于细菌群落的 DNA 测定，使用引物序列：341F（5′-ACTCCTACGGGAG-GCAGCAG-3′），806R（5′-GGACTACHVGGGTWTCTAAT-3′）对其 16S rRNA 的 V3-V4 高变区进行 PCR 扩增。取 30 ng DNA 样品及融合引物配置 PCR 反应体系。PCR 循环的具体条件按照武汉华大基因生物技术有限公司的方法进行（16S rDNA V4 area Dual-index Fusion Primer Library Sample Preparation，2014）。

退火温度为 56℃，PCR 循环为 30 个。之后将 PCR 的扩增产物按每个样本合并在一起，使用 Agencourt AMPure XP 磁珠进行纯化，去除非特异性产物，再使用 Agilent 2100 生物分析仪（Agilent DNA 1000 Reagents）检测纯化产物的片段范围及浓度，检测合格的产物采用 Miseq 系统进行双末端高通量测序，测序类型为 PE300。

　　高通量测序下机的原始数据需要经过数据过滤，滤除低质量的 reads，剩余高质量的 clean reads。具体的步骤为：①采取按窗口去除低质量的方法，具体操作为：设置 30 bp 为窗口长度，如果窗口平均质量值低于 18，则从窗口开始截除 read 末端序列，移除最终 read 长度低于原始 read 长度 75% 的 reads[215,216]；②去除接头被污染的 reads（默认 adapter 序列与 read 序列有 15 bp 的重叠，设置为 15 bp，允许错配数为 3；③去除含氮的 reads；④去除低复杂度的 reads（默认 reads 中某个碱基连续出现的长度 ≥10，设置 10 bp）。然后，利用重叠关系将高质量的成对 reads 拼接成一条序列（使用软件 FLASH - 2.11[217]），得到高变区的 tags。拼接条件为：最小匹配长度 15 bp；重叠区域允许错配率为 0.1。去除引物序列以及没有重叠关系的 reads 后，利用软件 USEARCH（v7.0.1090）[218]将拼接好的 clean tags 在 97% 的相似度下聚类，得到可操作分类单元（OTU）的代表序列。得到 OTU 代表序列后，通过 RDP classifer（v2.2）软件将 OTU 代表序列与 Greengene 数据库比对（土壤真菌使用 UNITE 数据库比对）进行物种注释，置信度阈值设置为 0.6。没有注释结果的 OTU 和注释结果不属于分析项目中物种的 OTU 都将被去除。最后剩余的 OTU 方可用于分析土壤微生物群落的多样性指数。对于真菌群落的 DNA 测定，使用引物序列：its3（5'-GCATCGAT-GAAGAACGCAGC-3'），its4（5'-TCCTCCGCTTATTGATATGC-3'）对其第二转录间隔区（ITS2）的基因片段进行 PCR 扩增。

除了测序区域和引物序列不同外，土壤真菌的测序过程和下机数据分析与土壤细菌相同。12 个土壤微生物总 DNA 的高通量测序是由武汉华大基因生物技术有限公司完成的。为了了解土壤细菌和真菌群落的分类组成，本文在门和纲水平分别对微生物的 OTUs 进行了分类。

2.1.4　土壤动物取样和鉴定

土壤动物是陆地生态系统丰富的组分之一，而其中节肢动物无论是类群和数量还是对生态系统功能的影响都有较大的优势，因而本文研究土壤动物中的节肢动物对生态系统功能的影响。地表节肢动物是通过陷阱法采集的。在每个小区内设置 4 个陷阱，每个陷阱中装有大约 70 ml 诱捕液（杯底直径为 5 cm，插入 0~10cm 深的土壤中），诱捕 24 h。中小型土壤节肢动物按照每个样方取样，在每个样方内用 5 cm 的土钻取 5 钻 0~10 cm 的表土，之后将其混合成一个样本，并通过 Tullgren 漏斗法（干漏斗法）提取 48 h。将所有采集的节肢动物都保存在 75%的酒精中运回实验室。节肢动物样本在体视显微镜下进行鉴定和计数，对全变态昆虫的成虫和幼虫分开统计。所有动物除螨类均被鉴定到科水平（未能对螨类进行鉴定）。

2.1.5　多样性指数的计算

分别计算了植物、节肢动物、土壤细菌和土壤真菌的物种丰富度（SR）、Shannon - Weiner 指数（H）和 Simpson 指数（S）等多样性指数。为了与土壤微生物数据相匹配，本文将每个小区的 4 个样方或诱捕点的植物及节肢动物群落数据进行了合并，因此 SR 对植物和节肢动物而言是每个小区内物种或科的数目，对土壤微生物而言是每个小区内 OTUs 的数目。H 和 S 的计算公式为：

$$H = -\sum p_i \ln p_i \tag{2.1}$$

$$S = 1 - \sum p_i^2 \tag{2.2}$$

式中，p_i 对植物和节肢动物而言是群落中物种 i 或科 i 的相对多度，对土壤微生物而言是 OTU_i 在群落中的比例。土壤细菌和真菌多样性指数的计算使用 mothur（v1.31.2）完成。

通过对数据的分析发现，不同土地管理方式下，植物 SR 的变化小于 H 和 S，且在 Plot 尺度各管理方式间 SR 没有显著差异（表2.1）。以往在该草原区沿放牧梯度对植物群落多样性的研究也发现了 H 的显著变化，而不是 SR。此外，H 还受到 SR 和物种均匀度（E）的共同影响。数据表明，在植物和细菌群落中，E 与多功能性指数之间关系显著（对植物群落：$R^2 = 0.589$，$P = 0.004$；对细菌群落：$R^2 = 0.545$，$P = 0.006$），同时 E 与 H 在所有生物类群中都高度相关（对植物、节肢动物、细菌和真菌分别是 $R^2 = 0.92$，0.90，0.99，0.99；$P < 0.001$）。这说明群落多样性的变化是由 E 的变化而不是 SR 的变化引起的。于是，本文选择用 H 代替 SR 来量化不同生物群落的多样性。另外，又由于 H 和 S 在所研究的生物多样性组分中均高度相关（对植物、节肢动物、细菌和真菌分别是 $R^2 = 0.98$，0.95，0.97，0.96；$P < 0.001$），因此在分析中只使用了 H。

表2.1 不同管理方式下地上和地下生物多样性指数的一元方差分析（n=3）

	管理方式	丰富度	多样性指数	
			Shannon−Wiener	Simpson
	E	0.90±0.01 a	0.76±0.09 b	0.38±0.02 c
植物	G1	0.92±0.02 a	1.43±0.06 a	0.72±0.02 a
	G2	0.91±0.00 a	1.22±0.06 a	0.63±0.02 b
	M	0.92±0.01 a	1.24±0.08 a	0.63±0.03 b

（续表）

管理方式		丰富度	多样性指数	
			Shannon-Wiener	Simpson
节肢动物	E	22.00±2.52 a	1.91±0.23 ab	0.72±0.08 ab
	G1	15.67±2.91 a	1.51±0.18 b	0.64±0.03 b
	G2	17.33±1.33 a	2.06±0.06 ab	0.78±0.02 ab
	M	21.67±1.76 a	2.17±0.16 a	0.82±0.03 a
土壤细菌	E	2 711.33±27.72 b	6.59±0.03 a	0.995 3±0.000 6 a
	G1	2 791.67±41.86 ab	6.46±0.04 ab	0.993 7±0.000 8 ab
	G2	2 759.33±10.67 ab	6.41±0.03 b	0.992 7±0.000 6 b
	M	2 814.00±22.59 a	6.56±0.06 a	0.994 8±0.000 9 ab
土壤真菌	E	585.33±53.17 a	3.99±0.76 a	0.861 6±0.107 1 a
	G1	634.67±8.51 a	5.03±0.03 a	0.985 4±0.000 7 a
	G2	604.33±29.25 a	4.84±0.19 a	0.973 9±0.008 8 a
	M	636.33±18.62 a	5.02±0.01 a	0.984 7±0.000 6 a

E：围封；G1：生长季放牧；G2：春夏放牧；M：一年一次刈割。同列不同小写字母表示在 $P < 0.05$ 水平差异显著

2.1.6　多功能性指数的评估

本文选择了 12 个生态系统功能变量评估多功能性。所选的 12 个功能变量与 C（总有机碳、CO_2 通量、CH_4 通量）、N（总氮、速效氮、脲酶、植物氮含量）、P 循环（速效磷、碱性磷酸酶、植物磷含量）和生物生产力（地上生物量、地下生物量）紧密相关。总有机碳、总氮和土壤速效磷是草地生态系统中植物和土壤生物 C、N、P 可利用性的指示指标，并最终控制许多生物地球化学过程以及植物和土壤的表现。CO_2 通量和 CH_4 通量与陆地生态系统 C 循环密切相关。土壤速效氮是微生物和植物重要的氮源，主要由氮矿化和硝化

等重要的生态系统过程产生[223]。此外，土壤脲酶和磷酸酶可以催化有机物降解的限速反应，通常被用作微生物养分需求的指标[224]。植物氮、磷含量反映了植物的养分利用状况，植物生产力是维持地下生态系统过程的关键生态系统功能，并在 C 循环中发挥重要的作用。总体而言，这些变量能够很好地指示营养循环、初级生产和养分库的建立等重要的生态系统功能。

当前已有许多方法用来量化生态系统的多种功能，M 指数就是其中之一[73]。该指数为一个群落同时维持多种功能的能力提供了一种直截了当的、易于理解的衡量标准[63]。同时它还具有良好的统计学特性[63]，并在越来越多的研究中得到了应用。另外，在本研究涉及的 66 个变量间的相关性中，只有 5 个变量的 r 值高于 0.6，这表明了数据的冗余程度较低（图 2.2），且 M 指数与其他以前提出的多功能性指数均具有良好的相关性（图 2.3）。因此，按照 Maestre et al.（2012）[73]的方法，本文计算了这 12 个变量的 Z 得分，并取平均值，获得了每个处理小区的多功能性指数（M 指数）。在所选择的 12 个变量中，本文也鉴定了那些数值越低表示功能越高的变量，并将它们乘以 −1 使得它们与生态系统功能变为正向关系。这些变量包括土壤速效氮、速效磷以及 CO_2 通量。一个 5 年的放牧实验研究表明，在内蒙古锡林郭勒草原植物生长的高峰期，中度放牧强度下草地的净氮矿化率和累积氮矿化率均显著低于不放牧的草地[227]。由此说明，本文所研究的草地 8 月较低的土壤速效氮和速效磷含量应该是植物对这些土壤养分利用或吸收更多的结果[228]。而 CO_2 通量值越低，则表明温室气体排放越少，对生态系统功能的发挥越好。因为草原是 CH_4 汇，所以 CH_4 通量值并没有乘以 −1。此外，本文也用这 3 个功能的最大值分别减去了相应的负值，使每个转换后功能的最小值都为 0[63]。除多功能性指数外，本文还根据上面括号中指定的不同变量分别计算了 C 循环指数、N 循环指数、P 循环指数和生产力指数。

2.1.7　统计分析

对 P 循环指数进行 sine 转换，以满足正态分布和方差齐性。首先用单因素方差分析（ANOVA）比较放牧、刈割和围封处理间 M 指数以及与 C、N、P 循环和生产力相关的功能的差异，用最小显著性差异法（LSD）在 $P < 0.05$ 水平上进行事

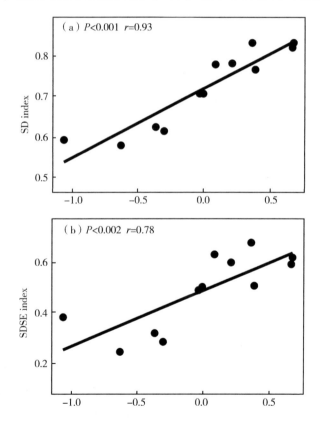

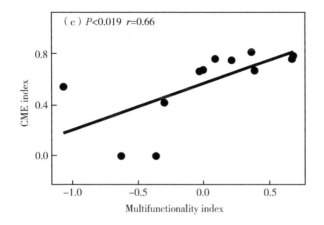

**图 2.2　Z 值标准化求平均值法量化的多功能性指数
与其他多功能性指数之间的相关性**

（a）SD 指数[81]，通过除以最大值进行标准化后求平均值得
到；（b）SDSE 指数[230]，通过平均值减去标准差得到；（c）CME
指数[231]，通过除以最大值进行标准化，然后 n 个功能交叉相乘并
通过开 n 次方根得到

后比较。然后，分析了植物、节肢动物以及土壤微生物的群落
组成，并利用一般线性模型（GLMs）探究了生物多样性不同
组分与 M 指数，以及与 C、N、P 循环和植物生产力相关的功
能之间的关系。为了评估管理效应和 block 效应去除后植物和
土壤生物多样性对 M 指数的共同影响（图 2.4），进一步拟合
了混合效应模型。在混合效应模型中，将生物多样性作为固定
效应，土地利用处理和 block 作为两个随机效应。用 Marginal
R^2 作为生物多样性解释能力的度量[229]。此外，计算了每个解
释变量的方差膨胀因子（VIF）来检验它们的多重共线性。在
本研究中，所有解释变量的 VIF 均低于 2，表明共线性问题不

存在。采用 SPSS 19.0 软件进行方差分析，其余分析均采用 R
软件 3.3.1 进行（R Core Team，2016）。

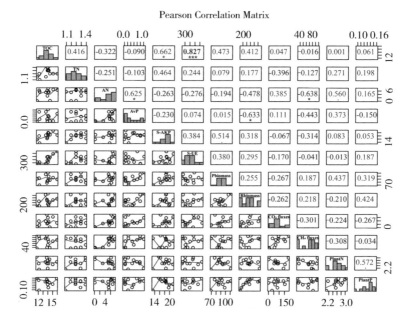

图 2.3　用于计算 M 指数的不同功能变量间的 Pearson 相关系数

上三角矩阵表示变量间的两两相关系数。显著性水平为 *** $P<0.001$，* $P<$
0.05，· $P<0.1$。下三角矩阵表示变量间的光滑曲线。对角线表示变量的直方图。
TOC：总有机碳（$g\ kg^{-1}$）；TN：总氮（$g\ kg^{-1}$）；AN：土壤速效氮（$mg\ kg^{-1}$）；
AvP：土壤速效磷（$mg\ kg^{-1}$）；S-AKP：碱性磷酸酶（$\mu mol\ d^{-1}\ g^{-1}$）；S-UE：脲酶
（$\mu g\ d^{-1}\ g^{-1}$）；Pbiomass：植物地上生物量（$g\ m^{-2}$）；Rbiomass：植物根系生物量
（0~30cm）（$g\ m^{-2}$）；CO_2 fluxes：CO_2 通量（$mg\ m^{-2}\ h^{-1}$）；CH_4 fluxes：CH_4 通量
（$\mu g\ m^{-2}\ h^{-1}$）；PlantN：植物氮含量（%）；PlantP：植物磷含量（%）

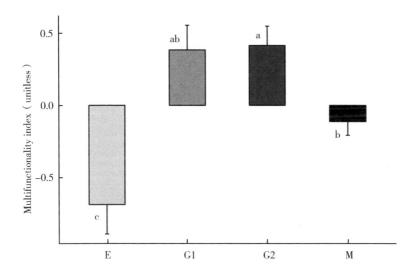

图 2.4　不同土地管理方式对多功能性指数的影响

E：围封；G1：生长季放牧；G2：春夏放牧；M：一年一次刈割

不同小写字母表示平均值在 $P < 0.05$ 水平上有显著差异（n＝3），用 LSD 检验进行事后比较。误差线代表±1 个标准误

2.2　研究结果

2.2.1　草地管理和生态系统多功能性

经过 6 年的土地管理处理，M 指数在放牧（G1 和 G2）和刈割样地均显著高于围封样地，且 G2 样地的值比刈割样地更高（图 2.4）。就 M 指数的单个组分来看，CO_2 通量和 AvP 都表现为围封和刈割处理高于放牧处理（图 2.5c，h），但植物地下生物量为 G2 处理显著高于其他 3 种处理（图 2.5l）；S-

AKP 表现为围封处理显著低于其他 3 种处理 (图 2.5i); 其他 8 个变量在各处理间均未出现显著差异 (图 2.5)。尽管多数单个变量在各处理间未表现出明显差异, 但 C、P 循环指数和生产力指数均在放牧处理下 (G1 和 G2) 显著高于围封, N 循环指数在 G1 处理下也显著高于围封 (图 2.6)。总体说明, 放牧处理下的样地有最高的功能值, 而不放牧的围封样地功能值最低。

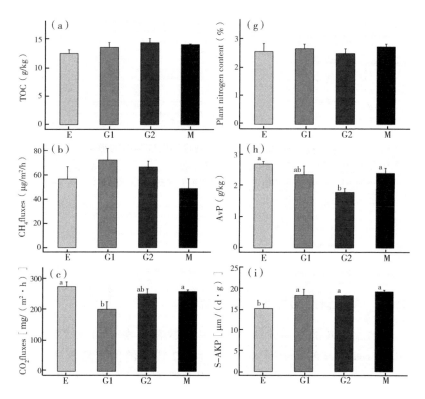

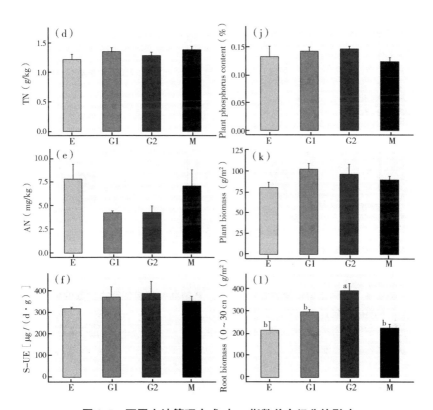

图 2.5 不同土地管理方式对 M 指数单个组分的影响

包括 C 循环变量（a-c）、N 循环变量（d-g）、P 循环变量（h-j）和生产力变量（k-l）（E：围封；G1：生长季放牧；G2：春夏放牧；M：一年一次刈割）。不同小写字母表示平均值在 $P < 0.05$ 水平上有显著差异（n=3），用 LSD 检验进行事后比较。误差线代表±1 个标准误。未出现显著差异的变量没有标记任何字母。TOC：总有机碳；TN：总氮；AN：土壤速效氮；S-UE：脲酶；AvP：土壤速效磷；S-AKP：碱性磷酸酶

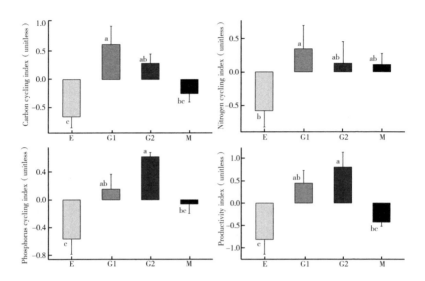

图 2.6 不同土地管理方式对 C、N、P 循环和植物生产力指数的影响

E：围封；G1：生长季放牧；G2：春夏放牧；M：一年一次刈割。不同小写字母表示平均值在 $P < 0.05$ 水平上有显著差异（n=3），用 LSD 检验进行事后比较。误差线代表±1 个标准误

2.2.2 不同生物类群的分类组成以及生物多样性与多功能性间的关系

植物群落以羊草、克氏针茅和糙隐子草为优势种，它们分别占地上总生物量的 11.7%～78.2%、0.4%～52.0% 和 4.6%～37.1%。节肢动物群落共有个体 1 885 只，以鞘翅目、双翅目、膜翅目、弹尾目以及螨类占优势，它们分别占总个体数的 1.1%～11.9%、4.7%～39.4%、6.8%～55.8%、3.9%～30.5%和 2.1%～64.8%。剩余 7 个目占总个体数的 1.8%～15.2%。

　　土壤细菌群落共产生 3 967 个 OTUs，分为 35 个门和 37 个纲。其中优势门为放线菌门、酸杆菌门和变形菌门，分别占 16S rRNA 总基因序列的 26.6%～37.3%、19.0%～30.7% 和 12.7%～16.5%。剩余门（包括未分类的）占总序列的 26.3%～30.5%。在纲水平，细菌群落主要以绿酸杆菌纲（10.5%～21.6%）、嗜热油菌纲（10.3%～16.5%）、酸微菌纲（4.3%～8.3%）、α-变形杆菌纲（5.5%～7.9%）和放线菌纲（4.9%～7.1%）为优势纲。土壤真菌群落共产生 1 563 个 OTUs，包括 5 个门和 11 个纲。优势门为担子菌门、子囊菌门和接合菌门，分别占 ITS2 总序列的 22.8%～81.1%、11.0%～59.2% 和 3.0%～27.0%。剩余 2 个门（包括未分类的）占总序列的 4.9%～17.5%。在纲水平，优势纲为伞菌纲（20.9%～80.3%）、一未定名纲（3.3%～27.5%）、子囊菌纲（3.5%～18.1%）、散囊菌纲（0.8%～16.0%）和座囊菌纲（2.5%～11.9%）。

　　生物多样性与多功能性之间的关系随地上、地下生物多样性组分的不同而变化。生态系统多功能性与植物多样性呈正相关关系，但与土壤细菌多样性呈负相关关系，并与节肢动物和土壤真菌多样性无显著关系（图 2.7）。对真菌多样性而言，由于其与多功能性之间的显著正相关关系仅由一个点驱动，而同一处理下的另外两个重复并不支持这一关系。为了避免这种关系是由取样误差造成的，本文在分析中去掉了这一点，并用剩余的点完成了分析。此外，植物多样性与 C 和 N 循环指数呈显著正相关（图 2.8a，b），而土壤细菌多样性与 P 循环和生产力指数呈显著负相关（图 2.8g，h）。生物多样性各组分与其他生态系统功能之间没有显著关系（图 2.8c-f）（包括节肢动物和土壤真菌多样性与所有功能之间；数据未展示）。

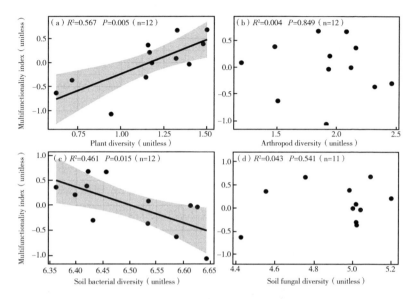

图 2.7　草地多功能性与植物多样性（a）、节肢动物多样性（b）、土壤细菌多样性（c）和土壤真菌多样性（d）之间的关系

用一般线性回归拟合相关关系，图中只展示了显著的拟合线（$P < 0.05$）。阴影区域表示 95% 的置信区间

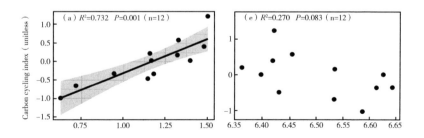

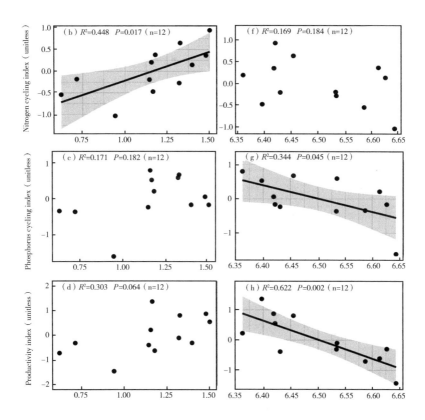

**图 2.8　C、N、P 循环和生产力指数与植物多样性（a-d）
和土壤细菌多样性（e-h）之间的关系**

用一般线性回归拟合相关关系，图中只展示显著了的拟合线（$P<0.05$）。阴影区域表示 95% 的置信区间

2.2.3　地上和地下生物多样性对多功能性的单独和共同影响

利用线性混合效应模型评估了地上和地下生物多样性对多功能性的共同影响，经过分析和比较，最终选取了一个最优模型

（表 2.2）。模型表明：当土地利用处理和 block 效应都被去除后，多功能性变化的 62.5% 是由植物和土壤微生物多样性共同解释的。植物和土壤微生物多样性共同对多功能性变化的解释比例要远大于植物（40.2%）、细菌（7.6%）和真菌多样性（0.4%）单独对多功能性解释比例的和。由此可见，地上和地下生物多样性结合能更好的预测生态系统多功能性的变化。

表 2.2　植物和土壤生物多样性对草地多功能性影响的线性混合效应模型

Source	n	Estimate	SE	t-value	P_r (>|t|)	VIF
植物多样性	12	1.298 7	0.403 0	3.222	0.006 1	1.124
细菌多样性	12	−0.354 2	0.680 6	−0.520	0.308 6	1.015
真菌多样性	11	−0.094 4	0.225 8	−0.418	0.344 2	1.115
MarginalR^2 = 0.625						

SE：标准误；VIF：方差膨胀因子。VIF 用于检验多元线性回归中解释变量之间的共线性关系；当 VIF 值超过 10 时，就会出现共线性问题

2.3　讨论

2.3.1　不同管理方式下多功能性指数以及养分循环和生产力指数的变化

以内蒙古典型草原为模型，本文探究了长期不同土地管理方式下，生态系统多功能性与生物多样性不同组分之间的关系。结果表明，放牧（G1 和 G2）和刈割相较于围封能够显著提高生态系统多功能性，并且在春夏放牧（G2）处理下多功能性的值比刈割处理更高（图 2.4）。许多研究表明，适度放牧可以改善养分循环和土壤碳储，并诱导植物补偿性生长[190]，这可被认为是

适度放牧对草地生产产生正向影响的主要机制，或称放牧最优化假说[213]。因此，本文获得的研究结果与适度放牧下草地的表现是一致的，且放牧样地高的 M 指数主要归结于快速的养分循环和高的生产力（图 2.6）。不同土地管理方式下 M 指数的 12 个变量的变化也表明，放牧样地具有最低的 CO_2 排放（G1）、最低的土壤速效磷含量和最高的地下生物量（G2）（图 2.5）。由此可见，适度放牧可以促进和改善生态系统的多种功能。

刈割可以增加植物叶片中的氮含量，从而降低植物凋落物中的 C：N 和木质素：N，这会进一步刺激土壤微生物活性，因而加快凋落物分解和养分循环的速率[185]。与此同时，刈割和牧草的清除可以减少植物凋落物的积累，促进一些好氧细菌的生长并加速土壤养分的转化[232]。此外，以往对内蒙古典型草地的研究表明，一年一次的刈割也会引起植物的补偿性生长，这与土壤氮磷可利用性的增强紧密相关[210]。本文的研究结果发现，刈割样地（M）的 M 指数显著大于围封样地（E），表明刈割增强了生态系统的多功能性。然而，刈割样地对养分循环的增强程度要小于动物放牧[233]，这就导致本研究中刈割样地的 C 循环指数显著低于生长季放牧样地（G1），且其 P 循环指数、生产力指数和 M 指数显著低于春夏放牧样地（G2）（图 2.4 和图 2.6）。

现在人们普遍认为，停止放牧对植被和土壤功能的恢复具有短期效益[234]，但长期围封不利于草原生态系统的稳定和能量的综合利用[197]。这是因为不放牧的草地没有生物量的移出途径，因此，在凋落物层中积累了大量难以分解的有机物，这大大降低了物质分解和养分循环的速率[235]。另外，草地凋落物的增多也抑制了植物的再生和幼苗的形成[236,237]，影响植物群落的繁殖更新。与上述研究结果一致，围封样地的 C、N、P 循环指数和植物生产力指数均低于放牧样地（图 2.6）。

2.3.2 地上和地下生物多样性对生态系统多功能性的影响

学者们现已普遍接受植物多样性是一系列生态系统功能的关键驱动因子。最近的研究也表明，植物多样性往往与生态系统多功能性呈正相关关系。本文的研究结果与上述文献是一致的，表明不同土地管理方式下植物多样性和多功能性是正相关关系（图2.7）。此外，土壤微生物多样性与生态系统多功能性相关，且植物和土壤微生物多样性的结合要比单组分生物多样性对多功能性变化的解释能力更强（62.5%）（表2.2）。由此可见，同时考虑地上和地下生物多样性能够显著提高生物多样性对生态系统多功能性的预测能力。

本文也发现在研究地植物多样性与C和N循环指数呈显著正相关（图2.8a-b），说明植物多样性在维持生态系统碳氮循环等功能方面尤为重要，其能够维持碳固持和土壤肥力。土壤微生物可以通过改变养分供应速率和资源分配等间接影响植物生产力等生态系统功能。这些影响既可以通过提高植物养分的可利用性来增强生态系统功能，也可以通过与植物根系竞争养分或通过促进养分的流失来降低生态系统功能。本文研究结果发现，在不同的土地管理方式下，土壤细菌多样性与生态系统多功能性、P循环指数以及植物生产力都呈显著负相关（图2.7和图2.8g-h）。以往的研究表明，土壤细菌多样性对植物生产力的影响可以从正到负，这主要取决于环境、时间和空间尺度以及研究地的土壤肥力。而负向的影响可能是由于细菌和植物为争夺有限的养分而发生竞争导致的，这在氮和磷受到限制的生态系统中表现得尤为明显，如北极苔原[241]、温带森林[242]和低生产力的草地[243]。因而本文推测，细菌多样性与P循环和植物生产力间的负相关关系可能是由于在研究地低养分可利用的条件下，植物和细菌竞争养分导致的，植物可利用性磷的降低，又会不可避免地限制其初级生产力[244]。这一推测也得到了 Schmidt et al.（1997）[245]研究证据的支持，该研究发现土壤灭菌可以显著增加植物对氮磷的吸收和生长，表明微生物能够有效地与植物竞争养分，从而限制植物生长。然而，这也需要进行进一步的实验以确定其潜在的机制。

众所周知，真菌可以通过其菌丝结构在调节能量和养分流通等方面发挥重要的作用。然而，本文在不同土地管理方式下没有检测到真菌多样性对生态系统多功能性的显著影响（一个离群点去除后）（图 2.7），这可能是由于真菌多样性在各处理间的变化非常小而多功能性的变化较大引起的（表 2.1）。当然，为了准确探究真菌多样性与多功能性之间的关系，增加样本量进行连续多年的研究是十分必要的。另外，土壤动物数量和种类繁多，它们也能够影响多种关键的生态系统过程，如植物生产力和养分循环。但是，本文发现在不同的土地管理方式下，节肢动物多样性与生态系统多功能性之间也没有显著关系（图 2.7）。这可能有 2 个原因。一是本研究采集的大多数节肢动物是在地表生活的节肢动物，如蝗总科、步甲科、麻蝇科等，其活动范围相对较广，是土壤的暂居者。因此，它们与本文中测量的土壤功能没有直接和紧密的关系。二是许多研究表明功能多样性往往比物种多样性更重要，基于生物体功能性状的功能多样性或许比物种多样性能更好地预测生态系统功能，而本文只考虑了物种多样性。基于以上原因，未来我们应该更多地关注节肢动物物种和功能多样性与它们密切相关的生态系统功能间的关系。

2.4　结论

（1）适度放牧条件下的草地在维持生态系统多功能性以及养分循环和生产力相关的功能方面表现最好，而围封多年的草地表现最差。因而适度放牧比围封和刈割能更好地保护生物多样性和生态系统功能。

（2）草地管理方式对生态系统多功能性的影响可以通过生物多样性不同组分（植物、节肢动物、土壤细菌和真菌多样性）的不同响应来解释。具体来说，植物多样性与 C、N 循环是正相关关系，而细菌多样性与 P 循环和生产力是负相关关系。节肢动物和真菌多样性与各功能之间没有明显的相关关系。

（3）地上和地下生物多样性的结合相比单组分生物多样性对生态系统多功能性变化的解释能力更强。因此，在评估草地生态系统的多功能性保护和可持续管理时，同时考虑地上和地下生物多样性是十分必要的。

第3章 不同土地管理方式下植物和节肢动物多样性与草地生产力间的关系

　　全球范围内生物多样性的不断丧失促进了大量研究致力于了解生物多样性与生态系统功能（BEF）之间的关系[252,253]。早期在草原上开展的 BEF 实验，证明了生物多样性对一系列生态系统过程（如植物生产力）具有重要作用，后来这一观点也在许多其他类型的生态系统中得到了证实。然而，随着研究的不断深入，人们开始认识到，影响生态系统功能的不仅是物种本身的数量和丰富程度，而且还包括群落内物种功能性状的数量和多样性。现已有越来越多的证据表明，功能多样性（FD，定义为特定群落中生物体功能性状的数值、范围和相对多度[90]）对生态系统功能的影响往往比物种多样性更重要[64]。由于功能性状与物种获取、共享和保护资源密切相关[257]，因而它们常常被用于生物多样性影响生态系统功能的机制性研究中[258]。

　　当前，土地利用变化是生物多样性丧失最重要的驱动因子[183]，并在很大程度上可以改变生态系统的过程和服务。土地利用对生物多样性和生态系统功能的影响主要取决于人为干扰的类型、严重程度、频率和时间[260]。研究者们目前更多地关注 FD 与环境因子的依赖关系[186]，而土地利用变化对群落 FD 的影响及其与生态系统功能关系的研究则相对较少。据已有研究发现，土地集约化会降低 FD，但研究的结果高度依赖于研究位点和研究类群[261]。此外，不同土地利用方式下物种或分类多样性（TD）的变化是否会驱动 FD 发生一致的变化，也存在很大的不确定性[262]。因此，研究 TD、FD 及其与生态系统功能间的关系如何响应不同土地利用方式是非常必要的。

关于 FD 与生态系统功能之间关系的研究，大多数是在人为控制的植物群落中进行的，而在动物群落中的研究还很少见。已有研究发现，功能性状对土地利用方式的响应在不同生物类群中可能存在差异，人为干扰也许会降低动物群落的 FD，并对生态系统功能产生负面影响[264,265]。由于动植物群落都能够影响包括植物生产力和养分循环在内的关键生态系统过程[250]，因此，在研究土地利用方式对 FD 及其与生态系统功能间关系的影响时，需要综合考虑不同营养级水平的 FD。同时，植物生产力和其他植被属性也能够影响动植物物种的组成和多度[207]，故而考虑植物属性对动植物 TD 和 FD 的影响也是十分重要的。此外，生态系统功能还受非生物因子的影响[266]，它们或者直接通过增强消费者和分解者的活动起作用[207]，或者间接通过改变植物群落的多样性起作用[90]。综上所述，我们需要在变化的环境条件下将不同营养类群的生物多样性与生态系统功能联系起来，以获得对生态系统功能精确地预测。

放牧是一种选择性的干扰，它可以降低植物种间竞争，并可能促进植物对草食动物抗性性状的发展[189]。同时，它也可以通过踩踏使土壤紧实对土壤动物产生伤害[269]。而一年一次的刈割是一种非选择性的干扰，植物有较长时间可以完成它们的生殖周期，故而能够促进不同繁殖生态位的复杂性状集的发展[270]。另外，刈割时间和刈割频率对土壤动物群落也有正面或负面的影响[198]。围栏封育通常在退化草地的恢复和重建过程中被广泛应用[271]。本文以内蒙古典型草原为研究对象，分析了 3 种土地管理方式下，植物和节肢动物群落 TD 和 FD 的变化以及它们与草地生产力的相互作用关系。目的是量化植物 FD、节肢动物 FD 以及环境因子在预测草地生产力方面发挥的作用，同时量化草地植被变化对植物和节肢动物多样性的影响。据此本文提出了 3 个假设：①植物和节肢动物多样性（FD 和 TD）在不同土地管理方式下的变化并不一致，相较于放牧或刈割草地，围封草地植物群落的 TD 和 FD 较低，而节肢动物群落的 TD 和 FD 较高；②植物和节肢动物的 TD 和 FD 与草地生产力之间的关系随土地管理方式的变化而变化，而 FD 比物种丰富度或多度能更好地预测草地生产力的变化；③土地管理方式能够通过直接和间接的途径调节生物多样性（植物和节肢动物）与草地生产力之间的关系，并且生物多样性与生产力之间可以相互影响。

3.1　材料和方法

3.1.1　样地选择和实验设计

研究地位置和概况见 2.1.1。本研究选取的土地处理类型为：①生长季放牧（G）；②晚秋刈割（M）；③围封（E）。这 3 种处理方式的具体内容见 2.1.1，3 种处理依然按照完全随机区组设计，每种处理重复 3 次。2017 年放牧季开始前，在每个放牧小区设置 4 个 1 m×1 m 的围笼以排除当年放牧的影响，以便测量植物生长高峰期（8 月）的性状指标和生物量。另外刈割和围封处理的每个小区同样设置 4 个大小相同的样方测量上述指标。因此，以这种方式测定的草地生态系统各处理间的差异是前几年（2011—2016）土地利用的结果。

3.1.2　植被和节肢动物取样以及功能性状的测定

2017 年 8 月中旬，在 3 种土地利用处理的小区分别进行植物和节肢动物群落的调查和取样。在每个小区（3 种处理×3 个重复 = 9 个小区）设置的每个样方内（共 4 个 1 m×1 m 的样方），记录植物物种丰富度和多度，并测量一个样方内至少 90% 的物种高度和叶面积。每个物种随机选取 3 个个体测量植株高度，并取平均值。在同一物种不同个体的相同位置选取 5~8 个完全展开的叶片，用扫描仪（CanoScan LiDE 120, Canon, Beijing, China）扫描并用 Photoshop7.0（Adobe Systems, San Jose, California, USA）测定它们的叶面积。之后，将样方内物种齐地面剪下分别装于不同的信封内，带回实验室 65℃烘 48 h 至恒重后称重。本文把每个样方内植物生长高峰期收获的地上生物量作为植物生产力的指示指标。在随后的化学分析中，将烘干后的地上干物质研磨成细粉，并用元素分析仪（Vario EL Ⅲ, Elementar, Hanau, Germany）和钼锑抗比色法分别测定植物氮和磷含量。地表节肢动物和中小型土壤节肢动物的取样方法详见 2.1.4，所有节肢动物样本均保存在 75% 的酒精中带回实验室。在体视显微镜下对所采集的动物进行鉴定和计数，并测量其个体大小（体长）。对全变态昆虫的成虫和幼虫分开统计。所有动物除螨类外均被鉴定到科水平（未能对螨类进行鉴定）。

本文所研究的植物和节肢动物的其他性状指标，通过查阅相关的书籍和文献获取，并将它们作为分类变量。需要强调的一点是本文所选取的功能性状是与所研究的生态系统功能息息相关的，这些性状既受土地管理方式的影响，又与植物生产力紧密相连。表 3.1 列出了用于计算植被和节肢动物功能多样性的功能性状，包含了与竞争能力、资源获取和干扰抗性相关的主要功能[272,273]。

表 3.1　用于计算植被和节肢动物功能多样性的功能性状及其分类

类群	性状	分类目录
植物 Vegetation	株高 Plant height	连续变量 Continuous（cm）
	叶面积 Leaf area	连续变量 Continuous（cm²）
	生活型 Raunkiaer life form	地上芽植物 Chamaephyte；地面芽植物 Hemic-ryptophyte；地下芽植物 Geophyte；一年生植物 Therophyte
	防御结构 Plant defense structure	有 Yes；无 No
	光合途径 Photosynthesis pathway	C₃植物 C₃ plants；C₄植物 C₄ plants
	生长型（侧向扩展）Plant growth form（Lateral Spread）	直立的 Erect；丛生的 Caespitose；半莲座状的 Semi-rosette；莲座状的 Rosette；俯卧的 Prostrate；
	根深 Rooting depth	0~20cm；0~40cm；0~60cm；0~100cm；>100cm
	氮含量 Plant nitrogen content	连续变量 Continuous（%）
	磷含量 Plant phosphorus content	连续变量 Continuous（%）
节肢动物 Arthropod	个体大小 Body size	非常小型的 Very small（<=1mm）；小型的 Small（1~5mm）；中型的 Medium（5~10mm）；大型的 Large（>10mm）
	食性 Feeding habits	植食性的 Phytophagous；捕食性的 Predatory；腐食性的 Saprophagous；杂食性的 Omnivorous；寄生性的 Parasitic
	活动范围 Range of activity	地表栖息的 Ground dwelling；植物栖息的 Vegetation dwelling；土壤栖息的 Soil dwelling；寄生的 Parasitic；广泛飞行的 Fly widely

（续表）

类群	性状	分类目录
节肢动物 Arthropod	生活史 Life history	完全变态发育复变态的 Complete metamorphosis hypermetamorphic；完全变态发育无复变态的 Complete metamorphosis non-hypermetamorphic；不完全变态发育渐变态的 Incomplete metamorphosis paurometabolous；不完全变态发育过渐变态的 Incomplete metamorphosis hyperpaurometabolous；表变态发育 Epimorphosis；无变态发育 None
	活动时间 Activity period	昼行的 Diurnal；夜行的 Nocturnal；昼或夜行的 Either；不确定的 Inconclusive

3.1.3　物种分类多样性和功能多样性的计算

分别计算了植物和节肢动物群落的物种丰富度（SR）、Shannon-Weiner 指数（H）和 Simpson 指数（S）等物种多样性指数。SR 对植物和节肢动物而言是每个样方或每个陷阱内物种或科的数目。H 和 S 计算公式中的 p_i 是每个样方或陷阱内物种或科的相对多度（具体计算公式见 2.1.5）。

本文选择 Rao's 二次熵指数（FD_Q）评估功能多样性，因为它能够衡量物种在性状空间内的分散程度，并在计算中考虑了相对多度[274]。由于以往在该草原区沿放牧梯度对植物群落多样性的研究发现了 H 或 S 的显著变化（通过相对多度计算）[211]，因而考虑相对多度是非常重要的一个方面。此外，FD_Q 能够灵活处理各种类型的性状数据（如定量数据、定比数据、二元定性数据、顺序数据、分类数据等），并接受任何距离或相异性（Euclidean 距离、Bray-Curtis 距离、Gower 距离等）的计算[110]。FD_Q 将所有性状计算为一个值，计算公式为：

$$FD_Q = \sum \sum d_{ij} p_i p_j \tag{3.1}$$

式中，d_{ij} 是物种（或科）i 和 j 功能性状的差异（用相异性距离表示），基于不同测量尺度的功能性状数据算出；p_i 和 p_j 是物种或科 i 和 j 的相对多度。SR、H 和 S 的值采用 R 中 *vegan* 包内的 *specnumber* 和 *diversity* 函数计算，FD_Q 的值采用 FD 包内的 *db*FD 函数计算（R Core Team，2016）。

3.1.4 土壤非生物因子取样和测定

在每个小区去除地上植物的 4 个样方内，用直径 5 cm 的土钻取 4 钻 0~20cm 的土壤（每个样方取 1 钻）。每个新鲜土样先过直径 2 mm 网筛去除可见的树根和石子，之后用于分析土壤的 pH 值。同时，用环刀按样方采集 0~5 cm 的鲜土样本，放入已准备好的铝盒中，在 105℃ 的烘箱中烘 24 h，用于测定土壤容重和土壤重量含水量。风干土和去离子水按 1:5 震荡 30 min 后，用 pH 计测定土壤的 pH 值（FE20，Mettler-Toledo，Shanghai，China）。

3.1.5 统计分析

对节肢动物 Simpson 指数进行 arcsine 转换，对植物 Simpson 指数和节肢动物 Rao's 二次熵指数进行 1-cosine 转换，对土壤含水量进行 log 转换，对土壤容重进行 -cos（1-x）转换，并对克氏针茅和一二年生草本植物的多度以及植食性、捕食性和杂食性节肢动物的多度进行 sqrt 转换，以便这些变量均满足正态分布和方差齐性。首先，比较了放牧、刈割和围封样地植物和节肢动物群落的功能组成以及它们的 TD 和 FD 的差异，并用 Duncan 检验进行事后比较（$P < 0.05$）。而非禾本科草本植物和寄生性节肢动物的多度在各处理间的差异使用 Kruskal-Wallis 非参数检验。其次，用线性混合效应模型探究不同土地管理方式下，植物和节肢动物生物多样性（TD 和 FD）对草地生产力的影响，将生物多样性作为固定效应，block 作为随机效应。用 Marginal R^2 作为

生物多样性解释能力的度量[229]。最后，围绕不同的管理方式，为了阐明植物和节肢动物 TD 和 FD、土壤因子以及草地生产力之间的相互关系，本文使用偏最小二乘路径模型（Partial Least Squares Path Model，PLS）进行了路径分析[275]。该模型放宽了标准结构方程模型（SEM）的一些限制，包括没有特定的分布假设、可包含更多的解释变量和较小的样本量[276]。在 PLS 模型中，本文只选择了 Shannon-Weiner 指数（H）作为物种多样性的度量，这是因为 H 同时包含了 SR 和物种均匀度的变化，并且 H 对多度低的物种比 S 更敏感。在模型运行之前，首先利用植物和节肢动物 TD 和 FD、土壤因子以及草地生产力之间的关系建立了一个概念模型（图 3.7a）。在这个概念模型中，本文先考虑了生物多样性和土壤因子对草地生产力的影响。然后，将草地植被当作一个环境因子，又分析了草地生产力和土壤因子对生物多样性的影响。同时，也分析了植物多样性与节肢动物多样性之间的相互作用。初始模型中两对相互关系的单向运行，并去除不显著的路径（基于 1 000 次重取样的 bootstrap t-test[275]），本文最终得到了 4 个最简模型（图 3.7b-e）。为了避免视觉上的混乱，最后将这 4 个模型整合到一个模型中，并加入了管理（放牧和割草）的影响（图 3.8）。使用 *plspm* 包内的 *plspm* 函数运行整个分析。所有的数据分析都使用 R 版本 3.3.1 完成。

3.2 研究结果

3.2.1 不同土地管理方式对不同生物群落功能组成、TD 和 FD 的影响

植物群落分为 5 个功能类群，多年生高丛生禾草（克氏针茅）、多年生矮丛生禾草（糙隐子草）、多年生根茎禾草（羊

草）、多年生非禾本科草本以及一或二年生草本。克氏针茅的
多度（相对生物量）在放牧样地显著高于刈割和围封样地
（$P < 0.05$；下同），而羊草的多度则刚好相反，在放牧样地显
著低于刈割和围封样地；且克氏针茅的多度在刈割样地也显著
高于围封样地，羊草的多度在刈割样地显著低于围封样地；糙
隐子草和一二年生草本的多度则在放牧样地显著高于围封样
地；多年生非禾本科草本的多度在各处理间没有显著差异（图
3.1a）。

　　共采集到节肢动物个体数 1 592 只，隶属于 12 个目 50 个科。
其中鞘翅目、双翅目、膜翅目、同翅目、弹尾目和螨类共占个体
总数的 97.2%。节肢动物群落按主要摄食习性共分为 5 个功能类
群，包括植食性、捕食性、腐食性、杂食性和寄生性类群。捕食
性类群的多度（个体数）在围封样地显著高于放牧样地，杂食

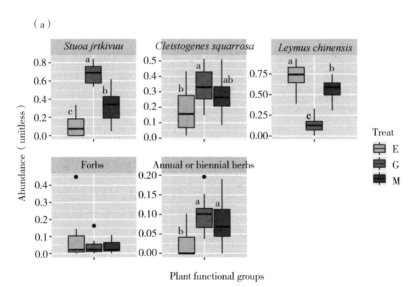

（a）

（b）

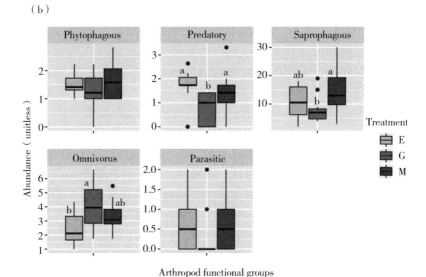

图 3.1   不同土地管理方式下植物（a）和节肢动物（b）功能类群的箱线图（E：围封；G：生长季放牧；M：一年一次刈割）

5 个植物功能类群中有 3 个仅包含 1 个物种，即高丛生禾草克氏针茅（实验草地上也观察到少数几丛大针茅，但没有单独取样）、矮丛生禾草糙隐子草和根茎禾草羊草。每个箱体内的水平线是中位数，箱边为下四分位数和上四分位数，箱须为最小值和最大值，黑色圆点为离群值。不同小写字母表示值在 $P < 0.05$ 水平上差异显著（n＝12），用 Duncan 检验进行事后比较。不显著的差异没有字母标记

性类群的多度则在围封样地显著低于放牧样地；腐食性类群的多度在刈割样地显著高于放牧样地；而植食性和寄生性类群的多度在各处理间都没有显著差异（图 3.1b）。

3 种土地管理方式对群落 TD 和 FD 的影响在不同生物类群中变化不一致。所有植物物种多样性指数（SR、H 和 S）均在放牧和刈割处理下显著高于围封处理，且 H 和 S 在

放牧处理下也显著高于刈割处理；而这些多样性指数对节肢动物而言则在围封和刈割处理下显著高于放牧处理（图3.2）。FD 的变化与 TD 的变化相似，植物群落 FD 也在放牧和刈割样地显著高于围封样地，但节肢动物 FD 在放牧和刈割样地显著低于围封样地；放牧样地的节肢动物 FD 也显著低于刈割样地（图3.3）。

3.2.2　不同管理方式下植物和节肢动物群落的 TD 和 FD 与草地生产力之间的关系

生物多样性与草地生产力之间的关系随生物多样性不同和不同的管理方式而变化。在围封草地，植物 SR 对草地生产力没有显著影响，但是植物 H 和 S 与草地生产力显著负相关（图3.4）；然而，节肢动物的 SR、H 和 S 与生产力之间没有显著关系。在

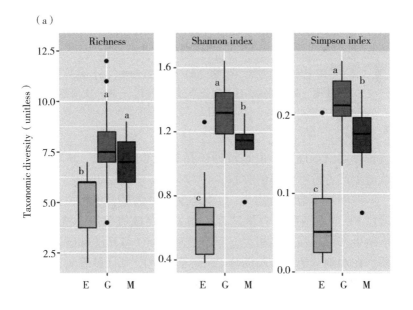

（a）

（b）

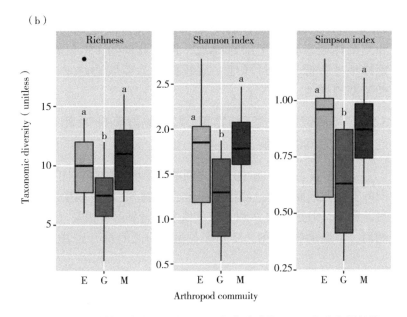

图 3.2　不同土地管理方式下植物（a）和节肢动物（b）物种多样性的箱线图（E：围封；G：生长季放牧；M：一年一次刈割）

每个箱体内的水平线是中位数。不同小写字母表示值在 $P < 0.05$ 水平上差异显著（n = 12），用 Duncan 检验进行事后比较

放牧和刈割草地，不论是植物还是节肢动物的 SR、H 和 S 都与草地生产力没有明显的关系。

在围封草地，植物 FD 与草地生产力呈显著负相关，而节肢动物 FD 与草地生产力呈显著正相关。在放牧草地，植物 FD 与草地生产力呈强烈正相关，而节肢动物 FD 与其没有显著相关关系。在刈割草地，节肢动物 FD 与草地生产力呈显著负相关，而植物 FD 与生产力之间无显著相关关系（图 3.5）。

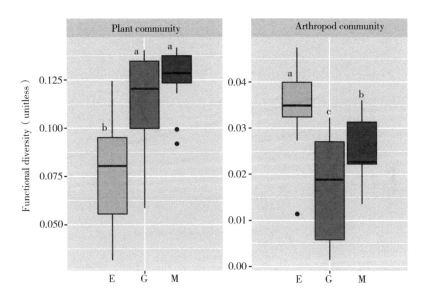

图 3.3　不同土地管理方式下植物和节肢动物功能多样性的
箱线图（E：围封；G：生长季放牧；M：一年一次刈割）

每个箱体内的水平线是中位数。不同小写字母表示值在 $P < 0.05$ 水平上差异显
著（n=12），用 Duncan 检验进行事后比较

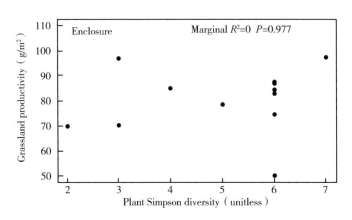

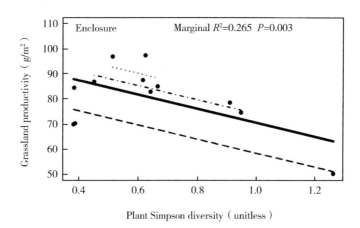

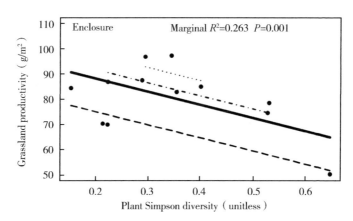

图 3.4　草地生产力与物种多样性（TD）之间的关系

　　图中展示了围封草地的生产力与植物 TD 之间的关系。放牧和刈割草地的生产力与植物 TD 之间没有显著关系，且生产力与节肢动物 TD 之间在 3 种草地管理方式下也都没有显著关系。图中拟合线是通过混合效应模型得到的，且只展示了有显著关系的拟合线（$P < 0.05$）。黑色实线表示通过固定效应得到的直线，而其他的线是通过添加随机效应（每个 block）得到的

（a）

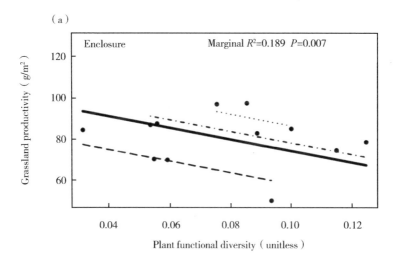

Plant functional diversity（unitless）

（b）

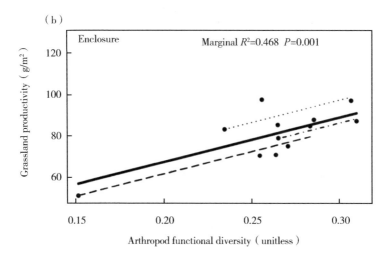

Arthropod functional diversity（unitless）

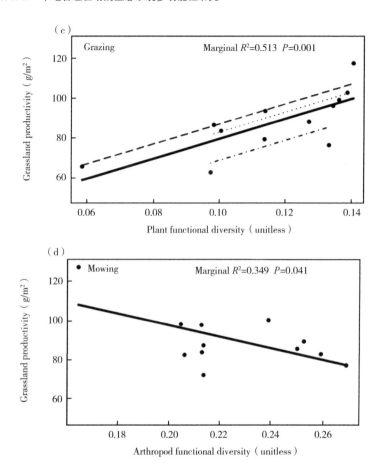

图 3.5　草地生产力与功能多样性（FD）之间的关系

图中（a）展示了围封草地的生产力与植物 FD 之间的关系；（b）展示了围封草地的生产力与节肢动物 FD 之间的关系；（c）展示了放牧草地的生产力与植物 FD 之间的关系；（d）展示了刈割草地的生产力与节肢动物 FD 之间的关系。放牧草地的生产力与节肢动物 FD 之间，以及刈割草地的生产力与植物 FD 之间没有显著关系。图中拟合线是通过混合效应模型得到的。黑色实线表示通过固定效应得到的直线，而其他线是通过添加随机效应（每个 block）得到的

3.2.3　植物和节肢动物多样性（TD 和 FD）、土壤因子以及草地生产力之间的相互作用关系

土壤容重在放牧样地显著高于围封样地，而土壤含水量在放牧和刈割样地显著低于围封样地（图 3.6）。当考虑生物多样性和土壤因子对草地生产力的影响时发现，草地生产力受土壤容重直接且负向的影响（$P < 0.05$）（路径系数：$\lambda = -0.47$）；受植物 FD 直接且正向的影响（$\lambda = 0.75$），而受植物 TD 间接的影

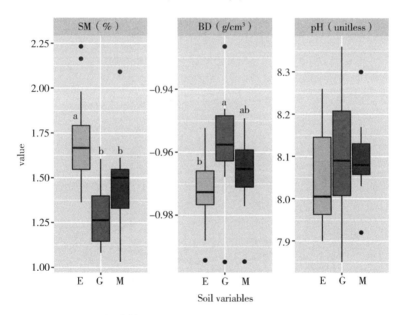

图 3.6　不同土地管理方式下土壤因子（SM：土壤含水量；BD：土壤容重；pH：土壤 pH 值）的箱线图（E：围封；G：生长季放牧；M：一年一次刈割）

每个箱体内的水平线是中位数。不同小写字母表示值在 $P < 0.05$ 水平上差异显著（n = 12），用 Duncan 检验进行事后比较。不显著的差异没有字母标记

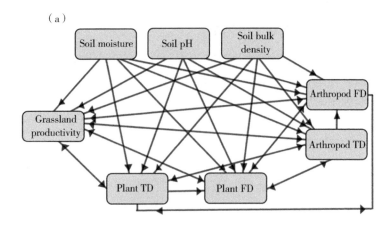

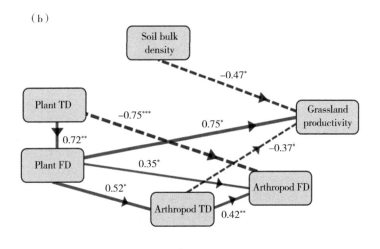

（c）

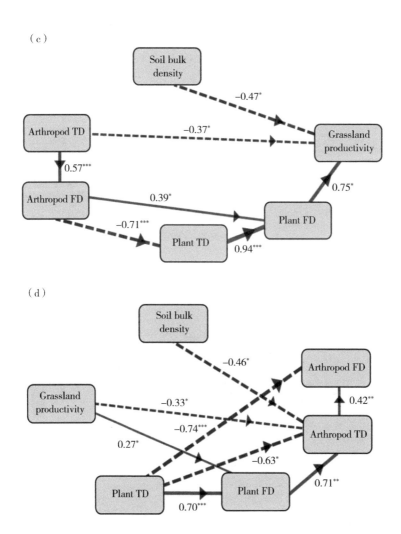

（d）

（e）

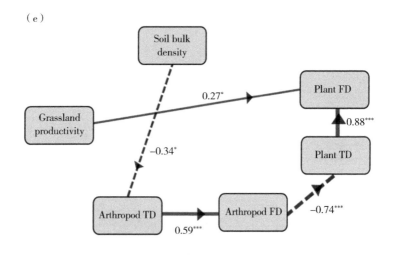

（f）

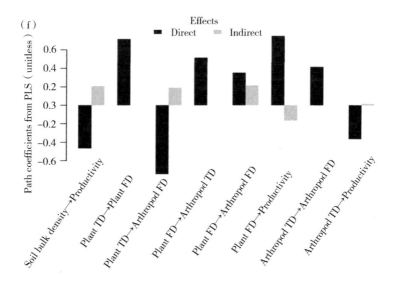

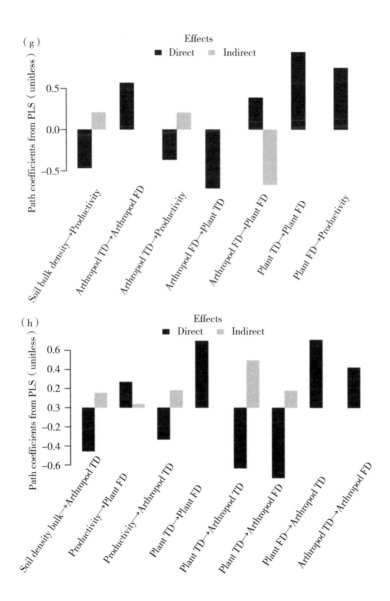

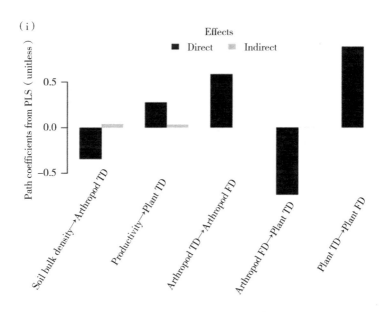

**图 3.7　植物和节肢动物多样性、土壤因子以及
草地生产力之间的相互作用**

（a）描述植物和节肢动物物种多样性（TD）和功能多样性（FD）、土壤
因子（土壤含水量、土壤容重和土壤 pH）以及草地生产力之间关系的概念模
型。初始模型中两对相互关系的单向运行，导致最终得到了 4 个最简路径模型
（b-e），包括生物多样性和土壤因子对草地生产力的直接和间接影响以及植物
和节肢动物多样性的相互影响（b-c），还包括草地生产力和土壤因子对生物多
样性的直接和间接影响以及植物和节肢动物多样性的相互影响（d-e）。箭头旁
边的数字表示影响关系大小的路径系数。带箭头条的粗细可反映路径系数的
大小，其中黑色实线表示正效应，黑色虚线表示负效应。柱状图展示了 4 个
PLS 路径模型（f-i）的直接和间接效应。基于 1 000 次重取样的 bootstrap t-test，
图中只展示了有显著差异的路径，这些差异标记为，＊P < 0.05，＊＊P <
0.01，＊＊＊P < 0.001

响。同时，生产力也受节肢动物 TD 直接且负向的影响（λ =
-0.37），受节肢动物 FD 间接的影响（图 3.7b-c，图 3.8）。植

物 TD 和节肢动物 FD 相互负向影响，而植物 FD 和节肢动物 FD
彼此正向影响，且它们之间相互作用的大小基本相等。植物和节
肢动物群落中 TD 对 FD 的影响均显著（图 3.8）。

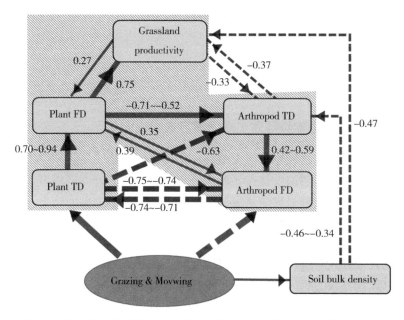

**图 3.8　描述植物和节肢动物物种多样性（TD）和功能多样性（FD）、
草地生产力以及土壤容重之间相互关系的整合路径模型**

　　箭头旁边的数字表示影响关系大小的路径系数（λ）。基于图 3.7 详细的 4 个模
型，本图中带箭头的粗线条表示 λ≥0.5，细线条表示 λ< 0.5。黑色实线和虚线分
别表示显著的正效应和负效应（$P < 0.05$）。由于放牧和刈割可以增加土壤容重
（图 3.6），因而在图 3.7 的基础上添加了放牧和刈割对植物和节肢动物多样性的
影响

　　当考虑草地生产力和土壤因子对生物多样性的影响时发现，
除上述出现的显著路径外，还包括土壤容重对节肢动物 TD 直接
且负向的影响（λ=-0.46~-0.34）；草地生产力对植物 FD 正向

的影响 ($\lambda = 0.27$) 和对节肢动物 TD 负向的影响 ($\lambda = -0.33$)（图 3.7d-e，图 3.8）；此外，植物 TD 对节肢动物 TD 的影响是负向的，而植物 FD 对节肢动物 FD 的影响是正向的（图 3.8）。每个 PLS 路径模型旁边的柱状图展示了对应模型的直接和间接效应（图 3.7f-i）。

3.3 讨论

3.3.1 不同生物类群对土地管理方式的响应

许多研究已经记录了土地利用集约化对植物、鸟类和昆虫多样性的影响。然而，这些研究大多仅涉及单一的分类群或多样性的单一方面。只有少数研究同时探索了不同生物类群的物种及功能组成方面的多样性，并提出土地利用方式对生物多样性的影响取决于生物类群[261]。本研究的结果表明，内蒙古典型草原的土地管理方式对生物多样性有重要影响，植物群落和节肢动物群落对管理方式的响应并不一致；生长季放牧（G）和刈割（M）相对于围封（E）显著提高了植物群落的 TD 和 FD；然而，生长季放牧相对于刈割和围封显著降低了节肢动物群落的 TD 和 FD（图 3.2 和图 3.3）。此外，TD 和 FD 在不同土地管理方式下具有相似的变化模式。

众所周知，过度放牧会引起草地退化，从而损害植物多样性，而适度放牧则可以通过食草动物的选择性采食抑制竞争优势种的多度，促进亚优势种的共存，进而增加植物的 TD 和 FD。本实验通过保留相对较高的牧后留茬高度（6 cm），将放牧强度维持在中等适度水平。因此，本文所得到的结果与适度放牧下草地的描述是一致的。同样，刈割也可以通过降低优势种的竞争排除增加植物多样性[278]。停止放牧对植被恢复具有短期效益[234]，但长期围封不利于草原生态系统的稳定和植物多样性的维持[197]。因而本研究中围封6年的草地，植物群落的TD和FD值最低。

然而，3种土地管理方式下，节肢动物群落的表现与植物群落并不一致。在生长季放牧样地，节肢动物的TD和FD值最低（图3.2和图3.3）。许多研究表明，放牧草地的无脊椎动物数量普遍低于不放牧草地[269,279]。大型食草动物的踩踏不仅会直接杀死或伤害植物或动物，还会造成土壤紧实，进一步降低土壤孔隙度和连通性[280]，从而影响土壤节肢动物[281]。此外，选择性采食通常对植物多样性的影响是正面的，因为它能够降低物种对光的竞争[282]，但由于植物生物量和植被结构复杂性的降低，它通常对节肢动物多样性的影响是负面的[283]。另外，频繁的干扰可能会阻碍节肢动物的发育或繁殖周期[284]。因此，本文推测放牧条件下节肢动物多样性低的主要原因是放牧导致了植被结构复杂性降低、凋落物减少和土壤紧实。最终，节肢动物TD的降低也进一步降低了它们的FD。

刈割对节肢动物群落的影响可能是直接的，如破坏蜘蛛网或蚁巢等结构，或者去除访花昆虫的花蜜和花粉等食物来源[285]。其影响的大小主要依赖于刈割频率和留茬高度[286]。与放牧草地相比，刈割草地干扰频率较低，生物可以有较长的恢复时间，这就为无脊椎动物提供了更有利的条件，使它们有机会拥有更高的种群密度和物种丰富度[287,288]。一些研究已经发现，大多数动物类群可能会在牧草刈割时一起被移除，但那些生命周期短、繁殖率高的物种又会在刈割后迅速重新回归和定居。本研究中，一年一次的刈割为节肢动物群落提供了较长的恢复期，这可能是刈割草地节肢动物群落多样性高于放牧草地的原因。

大多数研究表明，节肢动物多样性在未受干扰的群落中通常高于受干扰的群落[280]。节肢动物个体数量的变化与围栏封育后植被恢复和土壤环境条件的改善密切相关[289]。土壤容重的降低和凋落物积累导致的食物资源的增加吸引了更多动物前来定居和生存[249]，这可能在很大程度上促进了围封草地节肢动物群落 TD 和 FD 的增加。

3.3.2 不同土地管理方式下植物和节肢动物的 TD 和 FD 对草地生产力的影响

越来越多的研究者们已经认识到生态系统过程是受物种的功能性状支配的，在探索生物多样性与生态系统功能关系方面，代表特定群落内物种功能性状的数量和分布情况的功能多样性正吸引着众多学者的广泛关注，而不再仅仅关注物种丰富度本身[92,290]。本研究结果发现，无论是植物还是节肢动物，3 种土地管理方式下物种丰富度与草地生产力之间均无显著关系，且只有围封草地的植物 Shannon 或 Simpson 多样性与生产力之间存在显著关系（图 3.4）。此外，功能多样性比物种多样性能更好的解释生产力的变化（图 3.5）。因此，本文的研究结果表明，相比物种丰富度和物种多度，基于性状多度的功能多样性是生态系统功能更好的预测指标。Gagic et al.（2015）、Finney & Kaye（2016）[251]以及 Xu et al.（2018)[258]的研究都证实了这一点。

本研究还发现，植物和节肢动物多样性与草地生产力之间的关系随管理方式的不同而变化，这可能与不同土地管理方式引起的草地异质性有关。具体来说，围封草地的植物 TD 和 FD 与生产力负相关，而节肢动物 FD 与生产力正相关（图 3.4 和图 3.5）。这最可能与长期围封导致的植物生物量增加和多样性下降有关（图 3.2)。物种多样性的降低会引起某些功能性状的丢失或性状空间维度的下降[291]，从而导致植物功能多样性的降低。已知无脊椎动物高的功能多样性可以刺激氮矿化，提高养分的可利用性，随之促进植物生长。因此，围封草地节肢动物群落高的 FD 可能促进了养分资源的互补性利用，进而提高了草地生产力。然而，放牧草地的植物 FD，而不是节肢动物 FD，与生产力之间存在显著的正相关关系（图 3.5）。Tilman et al.(1997)[294] 提出，植物功能组成和多样性是解释植物生产力的主要因子。本文推测，与其他土地管理方式相比，放牧条件下高的植物 TD 和 FD 更有助于草地生产力的提高（图 3.2 和图 3.3）。

某种程度上有些意外的是，刈割草地的节肢动物 FD 与生产力呈负相关关系（图 3.5）。这可能是由两个原因造成的。首先，刈割草地的节肢动物 FD 显著低于围封草地（图 3.3），这说明刈割草地的节肢动物群落可能存在一定程度的功能冗余。已有研究表明，长期干扰会作为一个环境筛，筛选节肢动物类群中那些平均个体更小、移动性更强的物种[284]。平均个体的减小可能会减慢养分循环等生态系统过程，因为较小的物种对养分矿化和可利用性的贡献较小[284]，从而对植物生长产生负面影响。其次，弹尾目是土壤中非常丰富的腐食性微节肢动物之一，主要以真菌为食[295]。一年一次的刈割可以促进植物物种的补偿性生长[296]，植物生物量的增加可能会更多地消耗土壤中的养分，使得氮的可利用性降低，因而会限制真菌的生长，导致弹尾目食物资源的数量降低，从而影响其种群数量和多样性[297]。

3.3.3 不同土地管理方式下生物、非生物因子以及草地生产力之间的相互作用关系

PLS 路径模型表明，土壤容重是负向影响草地生产力和节肢动物 TD 最重要的土壤因子（图 3.8）。一般认为，土壤容重代表土壤紧实度，更高的土壤容重意味着更低的土壤水分和持氧量，故而影响植物的生长和节肢动物的存活。放牧和刈割增加了土壤容重（图 3.6），因而对节肢动物群落和植物生产力产生了负面的影响。本文的研究结果还表明，植物 FD 是生产力最重

要、最直接的驱动因子，同时生产力也能解释植物 FD 变化的一小部分（图 3.8）。日益增加的证据表明，特定群落功能性状多样性的增加可以使群落内物种充分利用更多样化的资源，导致更高的生态系统功能。因此，放牧和刈割通过增加植物的 FD 和 TD 间接促进了植物生产力的提高（图 3.2、图 3.3 和图 3.8）。

　　与植物多样性相反，放牧降低了节肢动物的多样性（TD 和 FD）（图 3.2 和图 3.3），导致节肢动物 TD 与植物生产力之间表现为负的相互作用关系（图 3.7 和图 3.8）。以往的研究表明，无脊椎动物群落可以通过将凋落物破碎化增强土壤养分的可利用性，或者通过食草性促进植物的补偿性生长，因此，对生态系统功能产生正面影响。然而，它们也能够通过促进可溶性养分的流失，或者通过大量采食植物组织损害植物的生长，从而对生态系统功能产生负面影响[207,301]。动物群落对生态系统过程的最终影响可能是正向的，也可能是负向的，也可能为零，这主要取决于在更精细的尺度上正面和负面影响之间的平衡[302]。Bardgett & Wardle（2003）[188]提出，食草动物对生态系统过程的正面影响在土壤肥力高和分解率高的生态系统中最为常见，而负面影响常常出现在分解率和生产力都低的生态系统中。Wardle et al.（2004）[207]的研究也发现，在肥沃的、高产的生态系统中，超过 50% 的净初级生产力都是以易分解的凋落物形式返回到土壤中的，而在贫瘠的、低产的生态系统中，几乎所有的地上净初级生产力都是以难分解的凋落物形式回到土壤中的，因而降低了土壤节肢动物的食物质量，并进一步减慢了养分循环的速率。通过数据分析本文发现，在内蒙古半干旱典型草原中，节肢动物群落以杂食性、植食性和腐食性物种占优势，并且所研究的草原土壤受氮、磷等养分限制、分解速率缓慢、生产力低下。因而本文推测，节肢动物 TD 与草地生产力之间负的相互作用关系主要是由于家畜和食草性节肢动物从植物组织中直接去除生物量和营养物质所致。与此同时，草地生产力以难分解的凋落物形式回归到土壤中，对节肢动物 TD 也产生了负面影响。另外，一项研究表明，禾草的根系生物量随弹尾目物种数量的增加而显著下降，这个原因可能是当弹尾目多样性更高时，其种间竞争也更加激烈，因而原本将真菌作为主要取食对象的弹尾目物种，将转而取食植物根系[297]，而植物地下生物量的减少则进一步减少了植物地上生物量。

此外，在 PLS 模型中，本文发现了一些直接和间接路径不一致性的关系。例如，植物 TD 对节肢动物 FD 的直接影响为负，而通过植物 FD 的间接影响为正（图 3.7b）。这种不一致性也出现在了其他使用 PLS 或 SEM 分析的研究中。经过对 PLS 模型具体算法的学习和探究，本文发现这是因为在 PLS 中需要同时考虑所有的普通最小二乘（OLS）回归，即变量之间的因果关系是通过变量之间的多元回归得到的，而不是一元回归[275]。例如，当单独考虑植物 FD 和节肢动物 FD 的相关性时，它们之间是负相关关系（$r = -0.281$，$P < 0.1$）。但是，当与 PLS 模型中其他生物和非生物因子结合考虑时，在多元回归中由于植物 TD 对节肢动物 FD 的负向影响更大，因而使得植物 FD 对节肢动物 FD 的影响由负变正。因此，考虑植物 TD 对节肢动物 FD 的总效应（直接影响+间接影响）是非常重要的，在这种情况下总效应为负（图 3.7f，h）。一些研究已经表明，植物多样性能够影响食草性和捕食性节肢动物对宿主的定位行为，因为这些动物在复杂和多样的植被中有觅食困难。从以上结果可以看出，植物多样性和节肢动物多样性之间的关系可能随着土壤因子、管理类型和草地生产力的变化而变化，其复杂的相互关系值得未来进一步的探究。

本文还注意到，所采集的节肢动物类群只被鉴定到了科水平，从而掩盖了物种水平的变化。未来的研究需要努力将这些无脊椎动物鉴定到比科更精细的水平，以便获得更稳健和准确的 BEF 关系。尽管有所不足，但本文的研究确实证明了功能多样性至少在 Plot 水平比物种多样性本身能更好地预测初级生产力，且土地利用变化能够调节植物和节肢动物物种及功能多样性与草地生产力之间的关系。另外，本文最初打算将土壤细菌和真菌考虑到此次研究中，因为它们也在一系列生态系统功能中发挥着关键的作用（如植物生产、凋落物分解和养分循环）。尽管一些研究发现当真菌群落组成发生变化时，植物多样性和生态系统功能也会发生重要的变化，但为这些土壤微生物类群进行物种鉴定和功能性状的评估是非常困难的，其功能多样性也在很大程度上仅仅局限于非常广泛的功能群[307]。因此，未来的研究需要更多地关注微生物功能类群与生态系统功能之间的关系，而这些都将依赖于微生物实验技术手段的突破。

3.4 结论

（1）放牧能够增加植物多样性，但会降低节肢动物多样性。相较而言，一年一次的刈割在同时保护植物和节肢动物物种及功能多样性方面表现最好。

（2）植物和节肢动物功能多样性与草地生产力之间的关系随管理方式的不同而变化，这可能与不同土地管理方式引起的草地异质性有关。由此也说明至少在 Plot 水平，功能多样性比物种多样性本身能更好地预测地上初级生产力。

（3）草地生产力与植物 FD 呈正相互作用关系，而与节肢动物 TD 呈负相互作用关系。生产力与植物多样性和节肢动物多样性的正、负双向关系主要是放牧/刈割对植物和节肢动物多样性影响的结果。如放牧引起的节肢动物 TD 的下降和草地生产力的提高，导致节肢动物 TD 与生产力呈负相关关系。此外，放牧和刈割还可以通过增加土壤容重降低节肢动物多样性和草地生产力。

这些结果中关于植物和节肢动物多样性与草地生产力之间的相互作用关系，可以为土地利用变化对生物多样性和生态系统过程影响的研究提供新的见解。由此说明在 BEF 研究中同时考虑不同营养级群体之间功能的相互关系，对于在变化的环境条件下精确预测 BEF 关系是十分重要的。这些认识和理解有助于我们合理地制定草地保护和可持续利用的管理制度。

第4章 不同土地管理方式和降水量对生物量生产的直接和间接影响机制

在过去的几十年里，人类活动对生物圈的影响已经日益加剧[308]。土地利用方式[183]和降水模式的变化[309]促使研究者们在这两方面进行了大量的工作，旨在理解它们对生物多样性和生态系统功能（BEF）造成的生态学影响。虽然这些研究已被证明是卓有成效的，但在气候波动，尤其是降水量波动的环境中，确定生态系统如何响应土地利用变化的潜在机制仍然是一个很大的挑战。土地利用变化对生态系统功能的影响可以直接通过改变土壤的理化性质和物种代谢[185]来实现，也可以间接通过改变生物多样性来实现[186]。降水模式的变化也可以直接或间接地对生态系统功能产生影响[90]。当前，不论是在全球[311]还是区域尺度上[312]，生物多样性均以前所未有的速率丧失，这使得我们必须考虑生物多样性调节的变化效应。然而，在变化的环境中阐明土地利用变化对生态系统功能直接和间接影响的研究还很少见。鉴于此，重点区分不同土地利用方式对生态系统功能直接和间接影响的相对重要性是十分必要的，同时也应考虑气候波动产生的影响。

近年来，BEF研究已经越来越多地关注功能性状的作用，且认为采用基于性状的方法探究土地利用变化的生态学影响可能更为合适。直接量化群落内物种性状相似性和差异性的方法应该比物种丰富度本身能更好地探测物种间的相互作用，并且它在预测生态系统功能方面有更广阔的前景。因此，即使在物种多样性没有变化的情况下，土地利用伴随降水量的变化也可能通过改变物种的功能性状，从而影响生态系统功能。功能性状对生态系统过程或功能的影响可以通过两种概念上不同的方法来量化。其中之一称为"质量比假说"[140]，该假说认为生态系统过程在很大程度上是由群落内优势种的功能性状决定的，常用群落加权平均值（community-weighted mean values，CWM）[317]来表示。另一种称为"多样性假说"，认为生态系统过程也会受到群落内性状分布差异的影响，定义为功能多样性（functional diversity，FD）[110]。FD 与物种间资源的互补性利用密切相关，且当具有不同功能性状的物种都达到最高的多度时，FD 值最大[109]。

有研究表明，性状的群落加权平均值和功能性状多样性能够共同解释半自然草地中植物生产力等生态系统功能的变化。然而，它们在调节草地生态系统对土地利用和降水变化的响应方面发挥的作用还所知甚少。此外，在陆地动物群落中，这种基于性状方法的有效性，以及单个优势性状和多个性状结合对生态系统功能的相对重要性，在很大程度上仍未被探索。已有研究发现，土地利用集约化可能会降低动物群落的 FD，并对生态系统功能产生负面影响。因此，本研究特别感兴趣的是不同营养类群功能结构的不同组分，包括功能性状的群落加权平均值和它们在物种间的分布，是如何调节人类活动引起的变化对生态系统功能的影响的。

在植物生长高峰期，该地区的植物生物量常被用作生态系统初级生产力的指示指标。然而，作为生态系统次级生产力的重要组成部分，无脊椎动物的生物量却很少被关注[318]。家畜放牧可以通过干扰土壤的物理（如土壤水分和紧实度）和化学（如通过动物排泄物改变养分循环）性质直接影响植物和动物的生物量，也可以通过改变生物多样性间接影响它们的生物量[78]。刘割可以通过去除植物生物量影响生物生产力[196]，且刈割时间和刈割频率对植物和土壤动物多样性也有正面或负面的影响，进而影响生物生产力（见第2、3章）。而目前广泛应用的围封可能会引起植被组成发生重大变化[188]。综上所述，本文以通过7年实验处理的内蒙古草原为研究对象，围绕4种土地管理方式和2年的降水量波动，探究了直接（主要通过土壤理化因子的变化）和间接（主要通过植物和节肢动物群落结构和多样性的调节）变化对植物和节肢动物生产力影响的相对重要性。目的是解决以下3个问题：①植物群落的多样性和生产力对不同土地管理方式的响应与节肢动物群落的差异。②管理方式结合降水量变化影响植物和节肢动物群落生产力的主要机制是什么？具体来说，是通过改变土壤肥力和生物生产的直接影响更重要，还是通过改变植物和节肢动物群落结构和多样性的间接影响更重要？③在调节植物和节肢动物群落生产力对管理方式和降水变化的响应方面，哪种群落结构组分、物种丰富度还是功能性状或功能多样性发挥更大的作用？

4.1 材料和方法

4.1.1 样地选择和实验设计

研究地位置和概况见2.1.1。本研究选取的土地处理类型与第2章相同，即：①生长季放牧（G1）；②春夏放牧（G2）；③一年一次刈割（M）；④围封（E）。这4种处理方式的具体内容见2.1.1。2017和2018年放牧季开始前，在每个放牧小区（G1和G2）设置4个1 m×1 m的围笼以排除当年放牧的影响，以便测量植物生长高峰期（8月）的性状指标和生物量。另外刈割和围封处理同样在每个小区设置4个大小相同的样方测量上述指标。

因此，以这种方式测定的草地生态系统各处理间的差异是前几年（2011—2017）土地利用的结果。

4.1.2　植物群落调查和功能性状的测定

2017 和 2018 年 8 月中旬，在 4 种土地利用处理的小区分别对植物和节肢动物群落进行了取样。在每个小区（4 种处理×3 个重复 = 12 个小区）设置的每个样方内，对植物群落进行调查并测定了 5 个功能性状，包括株高（H）、比叶面积（SLA）、植物碳氮含量（CC 和 NC）以及纤维素含量（CEC）。记录样方内植物物种丰富度（SR）和多度，并测量一个样方至少 85% 的物种高度和叶面积。每个物种随机选取 3 个个体测量植株高度，并取平均值。在同一物种不同个体的相同位置选取 5~8 片完全展开的叶片，用扫描仪（CanoScan LiDE 120，Canon，Beijing，China）扫描并用 Photoshop7.0（Adobe Systems，San Jose，California，USA）测定它们的叶面积。之后将植物叶片在 70℃ 下烘 24 h，称干重以计算 SLA。将每个样方内植物生长高峰期收获的地上部按物种分别装于不同的信封内，带回实验室在 65℃ 下烘 48 h 至恒重后称重。将烘干后的地上干物质研磨成细粉并过筛后，用元素分析仪（Vario EL Ⅲ，Elementar，Hanau，Germany）测定碳和氮含量，并通过试剂盒法（科铭生物技术有限公司，苏州，中国）用多功能酶标仪（Epoch，BioTek，Vermont，USA）测定纤维素含量。此外，在每个移除地上植物的样方内，取 0~30 cm 土层的土估算地下根系生物量（详见 2.1.2）。本文计算了 Z 值标准化后地上和地下生物量的平均值，将其作为植物群落初级生产力的指示指标。

4.1.3　节肢动物取样和功能性状的测定

地表节肢动物和中小型土壤节肢动物的取样方法详见

2.1.4。在体视显微镜下对 2017 年和 2018 年所采集的动物进行鉴定和计数，并测量其个体大小（体长）。除螨类在 2017 年未被鉴定外，其他所有动物都被鉴定到科水平。最后，将每个诱捕点或样方采集的所有个体合并称量总体重（总生物量）（g/诱捕点），并将其作为节肢动物群落次级生产力的指示指标。

节肢动物群落的其他性状指标通过查阅相关的书籍和文献获得，并将它们作为分类变量。包括摄食习性［植食性（PH）、捕食性（PR）、腐食性（SA）、杂食性（OM）和寄生性（PA）］和活动时间［昼行性（DI）、夜行性（NO）和昼或夜行性（EI）］。这些用于计算植物和节肢动物功能结构的功能性状，对竞争能力、资源获取和干扰抗性相关的主要功能具有重要意义[272,273]。

4.1.4　植物和节肢动物生物多样性的计算

本文使用两个指标对植物和节肢动物群落的功能结构进行量化：群落性状加权平均值（CWM）和功能离散度（functional dispersion，FD_{is}）[90]。植物和节肢动物功能性状的 CWM 值，其每个性状被单独计算，公式为：

$$CWM = \sum p_i \times trait_i \tag{4.1}$$

式中，p_i 为群落内物种或科 i 的相对多度，多度对植物而言是其生物量，对节肢动物而言是其个体数；$trait_i$ 是物种或科 i 的性状值[111]。节肢动物群落的分类性状被视为二元数据（0 和 1），对于每个性状的每个类别（分类单元）都单独计算 CWM 值[319]。当某些物种在一个性状被划分的不同类别中属于一个以上的性状类别时，将采用"模糊编码的方法"进行处理。这种编码方式是给一个特定性状的每个类别安排一个亲和度（affinity）得分。亲和度得分为"0"表示该类别没有亲和度，

而亲和度得分为 "3" 表示该类别对特定性状而言具有较高的亲和度。例如，节肢动物的摄食习性被分为 5 个类别（如前文所述）。如果一个科的所有个体都属于同一类别，那么亲和度得分为 "3"。如果大多数个体属于一个类别，而少数个体属于另一个类别，那么这个科在这两个类别中的得分分别为 "2" 和 "1"。本文将每个分类性状的科的总得分设定为 1。CWM 对生态系统功能的显著影响表明，生态系统过程在很大程度上受优势种功能性状的驱动[322]。

所有性状的 FD_{is} 共同计算为[110]：

$$FD_{is} = \sum (a_j z_j) / \sum a_j \qquad (4.2)$$

式中，a_j 是物种或科 j 的多度；z_j 是物种或科 j 到加权的形心 c 的距离；形心 c 计算为：

$$c = \sum (a_j x_{ij}) / \sum a_j \qquad (4.3)$$

x_{ij} 是物种或科 j 对性状 i 的性状值。FD_{is} 测量的是特定群落内物种间性状值的变化，它与其他功能多样性指数相比具有若干优势。例如，它不受物种丰富度的影响，可以处理任何类型的性状数据，也可以使用任何距离或相异性计算，并且考虑了物种的相对多度[110]。FD_{is} 对生态系统功能的显著影响表明，具有不同性状的多个物种对生态系统过程至关重要[92]。

4.1.5　年降水量和土壤理化性质的测定和分析

年降水量通过一个 5-通道的数据收集器（Port 3：ECRN-100 Precipitation，EM50，Decagon，USA）进行监测，数据每半小时通过 DataTrac 3 收集一次。使用每年 5 月 1 日至 8 月 20 日的累计降水量数据作为植物生长季降水量（PGP）。2017 年的 PGP 是 129 mm，主要集中在 7 月（53 mm）和 8 月（43 mm），2018 年的 PGP 是 179 mm，主要集中在 6 月（41 mm）和 7 月（97 mm）。对于土壤取样，在每个小区 4 个移除植物的样方内，用直径为 5 cm 的土钻取 4 钻 0~20 cm 的表土形成混合样（每个样方取一钻）。将每个新鲜的土样过孔径为 2 mm 筛去除可见的根和石子，之后将样本分为 2 份。其中一份立即置于冰上运回实验室，保存于-4℃以备土壤速效氮分析，另外一份自然风干以备其他土壤理化性质的分析。同时，用环刀按样方采集 0~5 cm 的鲜土样本，放入已准备好的铝盒中，用于测定土壤重量含水量。本文测定的土壤指标包括有机碳（TOC）、总碳（TC）、总氮（TN）、速效氮（AN：NH_4^+ 和 NO_3^-）、总磷（TP）、速效磷（AvP）以及含水量。TC 用 Vario MACRO 元素分析仪（Elementar，Hanau，Germany）测定，TP 用钼锑抗比色法测定。其余指标的测定方法见 2.1.3 和 3.1.4。

4.1.6 统计分析

对植物 SR、植物高度的 CWM 值（CWM_H）、TN 数据进行 log 转换，对植物 FD_{is} 数据进行 1-cosine 转换，以满足正态假设和方差齐性。本文将每个小区 4 个样方的植物和节肢动物群落数据以及土壤因子数据进行了合并，用双因素方差分析（Two-way ANOVA）分析了土地管理方式、年份以及二者的交互作用对植物和节肢动物多样性（包括 SR、单个性状的 CWM 值和 FD_{is}）、群落生产力以及土壤因子的影响。采用 Duncan 检验（$P < 0.05$）比较各处理间的差异。使用 Kruskal-Wallis 非参数检验对 CWM_{SLA}、CWM_{CEC}、CWM_{SA}、CWM_{DI}、CWM_{NO} 以及 CWM_{EI}（即比叶面积、植物纤维素含量的 CWM 值，以及腐食性节肢动物、昼行性节肢动物、夜行性节肢动物和昼或夜行性节肢动物多度的 CWM 值）在各处理间的差异进行比较。然后，使用 R 中的 *rf-Permute* 包进行随机森林分析以确定如下变量哪些是植物和节肢动物群落生产力的主要预测因子。这些变量对植物群落而言包括：土地管理方式、PGP、SR、单个性状的 CWM 值、FD_{is}、土

壤含水量、TC、TOC、TN、AN、TP 以及 AvP；对节肢动物群落而言，除包括上述因子外，再加上植物 FD_{is} 和植物生产力。随机森林分析已被 Delgado - Baquerizo et al.（2016）和 Wang et al.（2019）[78] 用于筛选生态系统功能的主要预测因子。该模型的显著性和交叉验证 R^2 使用 $A3$ 包，通过对响应变量（生产力）进行 500 次的置换检验来评估。再者，使用 4 个处理和 2 年取样的数据，进一步检验了生物多样性指标和土壤因子与生产力之间的二元相关关系。最后，基于随机森林分析和二元相关关系，本文使用 SEM 包为植物和节肢动物群落分别构建了结构方程模型（Structural Equation Modeling, SEM）[323]，以便理解土地管理方式和 PGP 影响生产力的因果路径，包括直接和间接路径。在所有情况下，土地管理方式都被看作是二元变量，包含两个水平：1 [特定的管理方式：G（G1 和 G2）和 M] 和 0（E）。在模型运行之前，首先为每个分类群建立了一个概念模型（图 4.7），然后基于模型整体拟合度的评估选择出最优模型。模型拟合度的评估主要依赖于 3 种方法：卡方检验（模型的 P 值不显著意味着好的拟合度）、CFI 指数（接近 1 意味着好的拟合度）和 AIC（值越小拟合度越好）。所有的数据分析均使用 R 版本 3.5.1 完成（R Core Team, 2018）。

4.2　研究结果

4.2.1　不同管理方式对植物和节肢动物生物多样性和生产力以及土壤因子的影响

不同草地管理方式对生物多样性和生产力的影响在植物和节肢动物群落中是不同的。植物群落中，SR 在 G1 和刈割样地显著高于围封样地；FD_{is} 在 G2 样地显著高于其他 3 种处理；而

CWM$_H$和植物氮含量的 CWM 值（CWM$_{NC}$）在 2 种放牧处理（G1 和 G2）下显著低于围封处理；CWM$_{SLA}$在 G2 样地显著高于刈割样地，且植物碳含量的 CWM 值（CWM$_{CC}$）在围封和 G1 样地显著高于 G2 和刈割样地；植物群落生产力和 CWM$_{CEC}$在各处理间未出现显著差异（图 4.1）。此外，管理方式与年之间的交互作

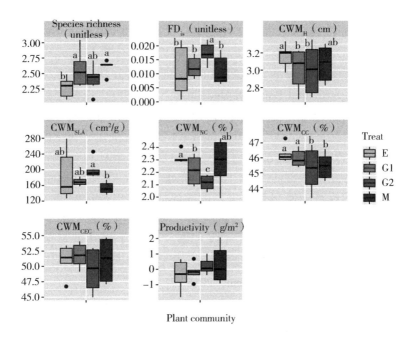

**图 4.1　不同土地管理方式下植物生物多样性和群落生产力的箱线图
（E：围封；G1：生长季放牧；G2：春夏放牧；M：一年一次刈割）**

　　每个箱体内的水平线是中位数。经过 2 年取样，不同小写字母表示平均值在 $P < 0.05$ 水平上有显著差异（n＝6），用 Duncan 检验进行事后比较。不显著的差异没有字母标记。FD$_{is}$，功能离散度；CWM$_H$、CWM$_{SLA}$、CWM$_{CC}$、CWM$_{NC}$ 和 CWM$_{CEC}$ 分别是植物高度、比叶面积、植物碳含量、植物氮含量和植物纤维素含量的群落加权平均值

用对 FD_{is}、CWM_H、CWM_{NC}、CWM_{CC} 以及植物生产力具有显著影响（表 4.1）。

　　节肢动物群落中，FD_{is} 在 G1 样地显著低于围封和刈割样地，且个体大小的 CWM 值（CWM_{BS}）在 G2 样地显著低于围封样地。节肢动物不同营养类群多度的 CWM 值对管理的响应也不同：杂食性类群（CWM_{OM}）在 G1 处理显著高于围封和刈割处理；捕食性类群（CWM_{PR}）在 G1 和 G2 处理显著低于围封处理；寄生性类群（CWM_{PA}）在 G1 处理显著低于其他 3 种处理。节肢动物群落生产力在放牧样地（G1 和 G2）明显低于围封样地。SR、植食性类群多度的 CWM 值（CWM_{PH}）、CWM_{SA}、CWM_{DI}、CWM_{NO} 和 CWM_{EI} 在各处理间未表现出明显差异（图 4.2）。同时，管理方式与年之间的交互作用对 CWM_{BS}、CWM_{PR}、CWM_{OM} 以及 CWM_{PA} 具有显著影响（表 4.1）。

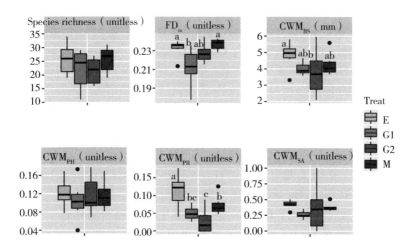

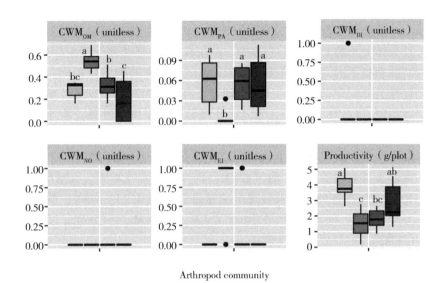

Arthropod community

图 4.2 不同土地管理方式下节肢动物生物多样性和群落生产力的箱线图 (E：围封；G1：生长季放牧；G2：春夏放牧；M：一年一次刈割)

每个箱体内的水平线是中位数。经过 2 年取样，不同小写字母表示平均值在 $P <$ 0.05 水平上有显著差异（n=6），用 Duncan 检验进行事后比较。不显著的差异没有字母标记。FD$_{is}$，功能离散度；CWM$_{BS}$、CWM$_{PH}$、CWM$_{PR}$、CWM$_{SA}$、CWM$_{OM}$、CWM$_{PA}$、CWM$_{DI}$、CWM$_{NO}$ 和 CWM$_{EI}$ 分别是节肢动物个体大小以及植食性、捕食性、腐食性、杂食性、寄生性、昼行性、夜行性和昼或夜行性节肢动物多度的群落加权平均值

经过 7 年的土地管理处理后，土壤水分在围封样地显著高于其他 3 种处理；TOC 和 TP 在刈割样地显著高于围封样地；AvP 在 2 种放牧样地（G1 和 G2）均显著低于围封和刈割样地。TC、TN 和 AN 在各处理间的差异不显著（图 4.3）。

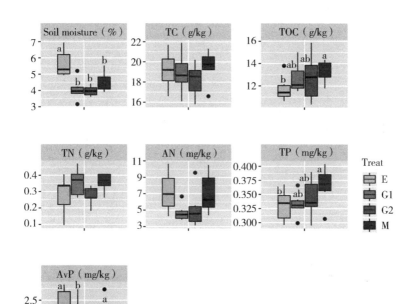

Soil factors

图 4.3 不同土地管理方式下土壤理化因子的箱线图

（E：围封；G1：生长季放牧；G2：春夏放牧；M：一年一次刈割）

每个箱体内的水平线是中位数。经过 2 年取样，不同小写字母表示平均值在 $P< 0.05$ 水平上有显著差异（n=6），用 Duncan 检验进行事后比较。不显著的差异没有字母标记。TC：总碳；TOC：有机碳；TN：总氮；AN：速效氮；TP：总磷；AvP：速效磷

表 4.1　草地管理方式（处理）、年以及二者的交互作用对植物和节肢动物群落以及土壤因子影响的双因素方差分析结果

植物 Plant

	df	Productivity (g/m²)	SR	FD_is	CWM_H (cm)	CWM_NC (%)	CWM_CC (%)	CWM_OM	CWM_PA
Treat	3	2.33	2.77	4.64*	4.03*	13.50***	8.34**	14.52***	11.66***
Year	1	22.72***	0.04	24.77***	106.03***	34.62***	85.35***	9.64**	31.48***
Treat×Year	3	7.27**	0.12	6.08**	3.62*	11.35***	7.40**	5.26*	6.40**

节肢动物 Arthropod

	df	Productivity (g/plot)	SR	FD_is	CWM_BS (mm)	CWM_PH	CWM_PR
Treat	3	7.01**	2.88	3.97*	2.94	0.23	12.33***
Year	1	1.02	43.36***	0.81	14.90**	0.53	7.55*
Treat×Year	3	1.05	0.55	0.74	3.66*	1.34	4.67*

	df	SM (%)	TC (g/kg)	TOC (g/kg)	TN (g/kg)	AN (mg/kg)	TP (g/kg)	AvP (mg/kg)
Treat	3							
Year	1							
Treat×Year	3							

（续表）

	df	Product-ivity (g/m^2)	SR	FD_{is}	CWM_H (cm)	CWM_{NC} (%)	CWM_{CC} (%)	
土壤因子 Soil factors								
Treat	3	7.69**	0.51	3.14	2.43	1.86	2.27	7.63**
Year	1	0.22	0.30	33.45***	7.41*	0.12	5.58*	13.69**
Treat×Year	3	0.48	0.11	1.34	0.92	0.45	1.76	3.23

* $P < 0.05$，** $P < 0.01$，*** $P < 0.001$。

注：SR：物种丰富度；FD_{is}：功能离散度；CWM_H、CWM_{NC}、CWM_{CC}、CWM_{PR}、CWM_{PA}、CWM_{CEC}：植物高度、植物氮含量、植物碳含量、节肢动物个体大小、植食性、捕食性、杂食性、寄生性节肢动物的群落加权平均值；CWM_{BS}、CWM_{PH}、CWM_{OM}、CWM_{PR}、植物纤维素含量的群落加权平均值；SM：土壤水分；TC：总碳；TOC：有机碳；TN：总氮；AN：速效氮；TP：总磷；AvP：速效磷

4.2.2 不同因子对植物和节肢动物群落生产力的相对重要性

随机森林模型表明，FD_{is}、CWM_{NC}、CWM_{CEC}、管理方式和 PGP 是植物群落生产力最重要的预测因子（图 4.4a）；土壤水分、管理方式、CWM_{BS} 和 CWM_{PR} 是节肢动物群落生产力最重要的预测因子（图 4.4b）。物种丰富度不论对植物群落还是节肢动物群落的生产力而言均无重要影响（图 4.4）。

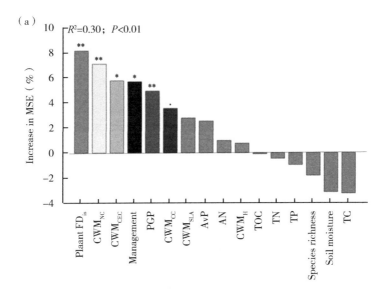

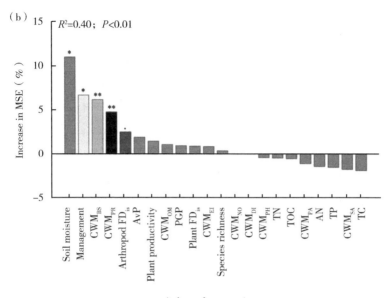

**图 4.4　鉴定植物（a）和节肢动物（b）群落生产力
重要预测因子的随机森林模型**

预测因子按照它们的平均重要性排序（MSE 增加的百分比）。这些因子包括管理方式、植物生长季降水（PGP）、植物和节肢动物生物多样性以及土壤因子。各预测因子的显著性水平分别为：* $P < 0.05$ 和 ** $P < 0.01$。FD_{is}：功能离散度；CWM_H、CWM_{SLA}、CWM_{CC}、CWM_{NC} 和 CWM_{CEC} 分别是植物高度、比叶面积、植物碳含量、植物氮含量和植物纤维素含量的群落加权平均值；CWM_{BS}、CWM_{PH}、CWM_{PR}、CWM_{SA}、CWM_{OM}、CWM_{PA}、CWM_{DI}、CWM_{NO} 和 CWM_{EI} 分别是节肢动物个体大小以及植食性、捕食性、腐食性、杂食性、寄生性、昼行性、夜行性和昼或夜行性节肢动物多度的群落加权平均值；TC：总碳；TOC：有机碳；TN：总氮；AN：速效氮；TP：总磷；AvP：速效磷

4.2.3 群落生产力与管理方式、PGP、土壤因子以及植物和节肢动物多样性之间的关系

双变量的相关分析表明，植物群落生产力与 FD_{is} 呈正相关关系，而与 CWM_H、CWM_{NC}、CWM_{CEC} 或 AvP 呈负相关关系（图4.5）；节肢动物群落生产力与 SR、CWM_{BS}、CWM_{PR}、CWM_{DI} 或土壤水分呈正相关关系，而与 CWM_{EI} 呈负相关关系（图4.6）。

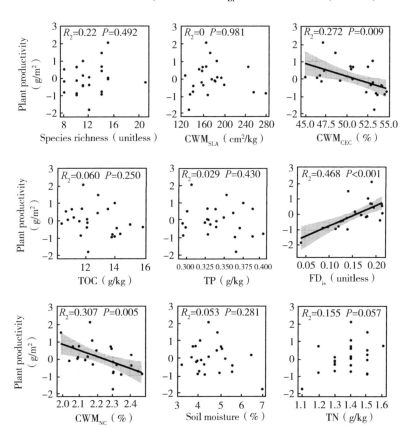

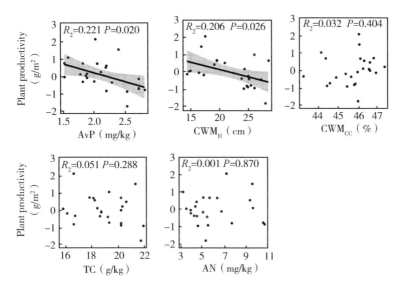

图 4.5　植物群落生产力与植物多样性和土壤因子之间的双变量关系

FD_{is}：功能离散度；CWM_H、CWM_{SLA}、CWM_{CC}、CWM_{NC} 和 CWM_{CEC} 分别是植物高度、比叶面积、植物碳含量、植物氮含量和植物纤维素含量的群落加权平均值；TC：总碳；TOC：有机碳；TN：总氮；AN：速效氮；TP：总磷；AvP：速效磷。图中 24 个点代表 4 种管理方式、重复 3 次且 2 年取样

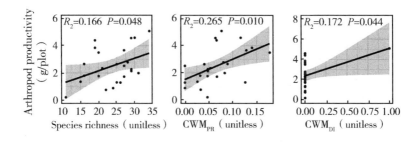

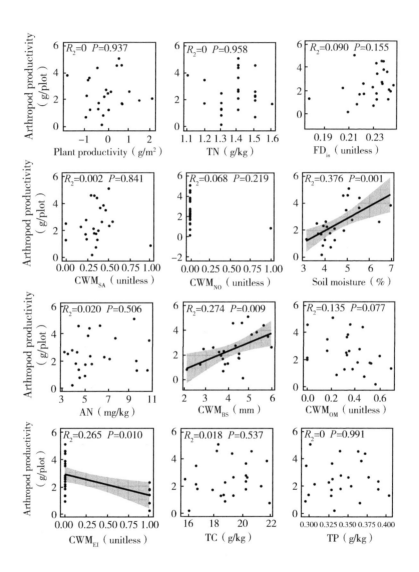

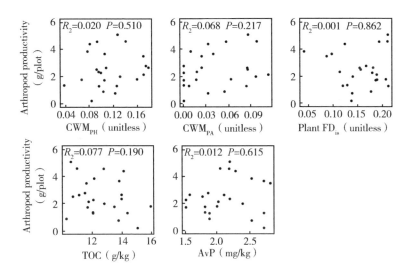

**图 4.6　节肢动物群落生产力与节肢动物多样性和
土壤因子之间的双变量关系**

FD_{is}：功能离散度；CWM_{BS}、CWM_{PH}、CWM_{PR}、CWM_{SA}、CWM_{OM}、CWM_{PA}、CWM_{DI}、CWM_{NO} 和 CWM_{EI} 分别是节肢动物个体大小以及植食性、捕食性、腐食性、杂食性、寄生性、昼行性、夜行性和昼或夜行性节肢动物多度的群落加权平均值；TC：总碳；TOC：有机碳；TN：总氮；AN：速效氮；TP：总磷；AvP：速效磷。图中 24 个点代表 4 种管理方式、重复 3 次且 2 年取样

植物和节肢动物群落的结构方程模型（SEM）如图 4.7 和 4.8 所示。图 4.8a 展示了植物群落生产力与管理方式、PGP 以及植物因子之间因果关系的最优模型。结果表明，放牧管理和 PGP 主要通过间接改变植物功能结构的方式来提高群落生产力（图 4.8a）。放牧和增加的 PGP 促进 FD_{is}（标准化路径系数分别为：$\lambda = 0.43$、0.57），进而增加植物生产力（$\lambda = 0.60$），且降低 CWM_{NC}（分别为：$\lambda = -0.54$、-0.51），也有益于植物生产力的增加（$\lambda = -0.54$）。此外，放牧和刈割正向影响 SR（分别为：

λ= 0. 39、0. 51），而放牧负向影响 CWM_H（λ = -0.31）。PGP 强烈且负向的影响 CWM_H（λ = -0.85）和 CWM_{CEC}（λ = -0.87）（图 4.8a）。

节肢动物的最优模型表明，草地管理和 PGP 可以通过直接和间接的方式降低节肢动物群落生产力，即放牧的直接影响（λ = -0.44）和放牧、刈割及 PGP（λ = -0.59、-0.28、-0.68）通过降低 CWM_{BS}（λ = 0.53）的间接影响（图 4.8b）。除此之外，显著的路径关系还包括 PGP 对 SR 强烈且正向的影响（λ= 0.75），以及放牧管理对其负向的影响（λ= -0.39）（图 4.8b）。SR 与植物或节肢动物群落生产力均无显著的关系（图 4.8a-b）。

（a）

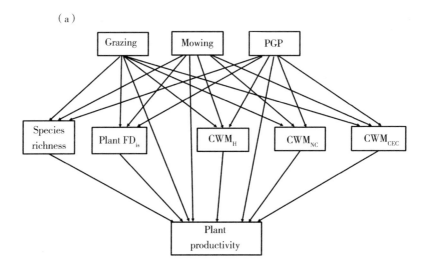

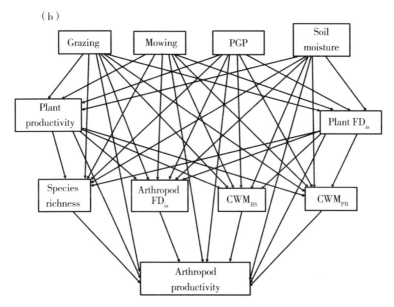

图 4.7　植物（a）和节肢动物（b）群落生产力的概念模型（SEMs）

　　植物模型中包括的因子有放牧 [生长季放牧（G1）和春夏放牧（G2）]、刘割、植物生长季降水（PGP）、植物物种丰富度和功能离散度（FD_{is}）、植物高度（CWM_H）、植物氮含量（CWM_{NC}）和植物纤维素含量（CWM_{CEC}）的群落加权平均值以及植物群落生产力。节肢动物模型中包括的因子有放牧 [生长季放牧（G1）和春夏放牧（G2）]、刘割、植物生长季降水（PGP）、土壤水分、植物群落生产力、植物功能离散度、节肢动物物种丰富度和功能离散度、节肢动物个体大小（CWM_{BS}）和捕食性节肢动物多度（CWM_{PR}）的群落加权平均值以及节肢动物群落生产力。该 SEMs 是基于随机森林分析和双变量关系建立的

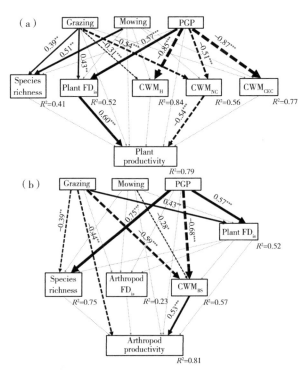

图 4.8　植物群落生产力（a：$\chi^2 = 14.82$，$P = 0.32$，
$df = 13$；CFI $= 0.99$；AIC $= 78.82$）或节肢动物群落生产力
（b：$\chi^2 = 10.47$，$P = 0.11$，$df = 6$；CFI $= 0.95$；
AIC $= 70.47$）与管理、气候以及生物多样性因子之间
直接和间接关系的最优模型（SEMs）

黑色实线和虚线分别表示显著（＊$P < 0.05$，＊＊$P < 0.01$，＊＊＊$P < 0.001$）的正向和负向路径，灰色虚线表示不显著的路径（$P > 0.05$）。箭头旁边的数字是标准化的路径系数，表示路径关系的大小。箭头宽度与路径系数的大小成正比。每个响应变量旁边的数字是模型解释的方差（R^2）。放牧，包括生长季放牧（G1）和春夏放牧（G2）；PGP：植物生长季降水；FD_{is}：功能离散度；CWM_H、CWM_{NC}、CWM_{CEC} 和 CWM_{BS} 分别表示植物高度、植物氮含量、植物纤维素含量和节肢动物个体大小的群落加权平均值

4.3　讨论

4.3.1　植物和节肢动物对土地管理响应的差异性与相似性

本研究发现，在内蒙古草原，尽管植物高度（CWM_H）和节肢动物个体大小（CWM_{BS}）的群落加权平均值，对草地管理方式表现出相似的响应趋势，即在放牧或刈割样地低于围封样地，但就物种和功能多样性及群落生产力而言，植物和节肢动物群落对土地管理方式的响应明显不同（图 4.1、图 4.2 和图 4.8）。

生长季放牧（G1）和刈割（M）相对于围封（E）显著提高了植物群落的物种丰富度，而春夏放牧（G2）相对于其他 3 种处理显著提高了植物群落的功能离散度（FD）（图 4.1）。许多研究表明，适当强度的放牧和刈割常常通过降低物种间的光竞争且促进新物种的定居来增强植物物种丰富度[278]；适度放牧还可以通过动物的选择性采食抑制竞争优势种的多度，促进亚优势种的生长，从而增加植物的 FD，并进一步提高植物生产力。本研究的结果与在适度放牧和刈割的草地中获得的结果一致。与植物群落不同的是，在所研究的草地节肢动物群落中，相对于刈割和围封，生长季放牧和春夏放牧（G1 和 G2）显著降低了节肢动物的物种丰富度和群落生产力，且生长季放牧（G1）显著降低了节肢动物的 FD（图 4.2 和图 4.8b）。这与许多研究的结果也是一致的，这些研究表明，大型食草动物可以通过无目的采食、踩踏和土壤紧实直接降低节肢动物的多样性和生物量，也可以通过诱导植被结构复杂性的降低和凋落物积累的减少间接降低它们的多样性和生物量。

然而，一些植物和节肢动物功能性状的群落加权平均值

（CWMs）对土地管理方式表现出了相似的响应。在频繁受到干扰的放牧样地，植物种往往趋于矮小化，因为较高的物种通常比较矮的物种遭受更大的放牧压力[324]。矮小化也被认为是一种典型的放牧抗性策略[189]。此外，许多研究表明，功能性状对放牧的响应在很大程度上受资源可利用性的调节，如水分和土壤养分[325,326]。本文的结果发现，与围封相比，放牧可显著降低植物的氮（G1 和 G2）和碳（G2）含量（图 4.1）。这可能主要是动物选择性采食诱导的优势种变化的结果。食草动物常常选择性采食植物组织中氮含量高的物种，并且增加组织中氮含量低的物种的优势度，这在氮限制的生态系统中表现得尤为明显[327]。根据对数据的观察发现，羊草（相对较高的氮含量）和克氏针茅（低氮含量）是内蒙古草原的两个优势种，克氏针茅的相对生物量在围封样地（2.8%）明显低于放牧样地（G1 为 35.4%，G2为 23.0%），而羊草的相对生物量则在围封样地（59.8%）明显高于放牧样地（G1 为 9.3%，G2 为 20.0%），从而导致了放牧样地植物氮含量低于围封样地。这两个优势种在放牧条件下的变化也被 Kang et al.（2007）[328]的研究证实。此外，放牧相较于围封显著降低了土壤含水量且增加了土壤容重（图 4.3 和图3.6），降低的水分含量和水分渗透率（增加的容重导致的）[329]可能会限制植物对土壤氮的吸收，进而导致光合组织中氮浓度的下降[327]。植物氮含量的降低又会诱导光合速率的降低，这也许是春夏放牧样地（G2）中植物碳含量（CWM_{cc}）降低的原因。另外，许多研究已经表明，在生产力低下和土壤贫瘠的生态系统中，放牧通常选择具有抗性策略的物种（低的高度、低的养分含量以及长的生命周期），而在高产和肥沃的生态系统中，通常选择具有耐受策略的物种（高的高度、高的养分含量以及短的生命周期）。本文所研究的半干旱草原生态系统，其土壤肥力和植物生产力均较低，因此本文的发现与这类系统的研究结果具有很好的一致性。

与植物群落中 CWM_H 的变化相似，节肢动物个体大小（CWM_{BS}）的群落加权平均值也在放牧样地显著低于围封样地（图 4.2 和图 4.8b）。已有研究表明，长期干扰可作为一个环境筛，筛选节肢动物类群中那些平均个体更小、移动性更强且食性更广的物种[284,330]。个体大小是生物最基本的特征之一，且与关键的生理和生态过程密切相关[331]，平均个体大小的降低也可能导致整个节肢动物生物量的减少[284]。因此，放牧干扰使节肢动物群落趋于小型化，降低了总生物量，但增加了杂食性类群的多度（图 4.2）。

寄生性节肢动物多度在放牧样地的降低可能与大型食草动物直接的干扰有关[332]。而捕食性节肢动物多度的降低应该是由放牧踩踏和凋落物覆盖的减少导致的，因为本研究中捕食性功能群主要是由在地表生活的物种组成的，如蜘蛛和甲虫。总体来说，家畜放牧对大多数节肢动物类群的多样性和生物量都有负面影响，而像家畜粪便等资源的有效性带来的正面影响，通常只会使少数节肢动物物种受益[283]。

尽管刈割样地的 CWM_{BS}、CWM_{PR} 和节肢动物总生物量与围封样地相比也有下降的趋势，但一年一次刈割对节肢动物的影响要明显小于放牧（图 4.2），这可能与刈割草地干扰频率较低有关。与放牧草地相比，刈割干扰之间的恢复时间更长，这为节肢动物提供了更有利的条件，因而支持更高的种群密度和生物量[288]。此外，相对于受干扰样地，未受干扰样地的节肢动物群落具有更高的多样性和生物量，这也许是由于围栏封育后植被恢复和土壤环境条件的改善所导致的[280]。凋落物积累所带来的土壤水分和食物资源的增加吸引了更多的动物前来定居和生存[249]。

草地管理方式与年份之间的交互作用对植物和节肢动物群落

的多个变量具有显著影响（表 4.1）。如 CWM_H 或 CWM_{BS} 在不同管理方式下的差异在 2018 年显著，但在 2017 年不显著。研究位点的气象数据显示，2017 年植物生长季的降水量（5—8 月：129 mm）比 2018 年同期（179 mm）减少 28%。因而两个生长季的气候差异可能与植物和节肢动物群落对土地管理响应的年际差异有关。

4.3.2 不同管理方式和降水量对植物和节肢动物群落生产力的直接和间接影响

功能性状的群落加权平均值（CWM）以及性状在物种间的分布（FD_{is}）都可以用来表征群落的功能，但在自然群落中将二者结合起来的分析还很少见。本研究不同于大多数现有 BEF 研究的是，将人为诱导的变化与植物和节肢动物群落的功能结构（CWM 和 FD_{is}）联系起来，使得本文能够评估土地管理和降水变化对生态系统功能直接和间接影响的相对重要性。

本文的重要发现是，不同管理方式和植物生长季降水量（PGP）主要通过间接途径影响植物生产力，即通过改变植物功能结构的不同组分。放牧和 PGP 均可通过调节功能多样性（FD）和植物氮含量（CWM_{NC}）提高植物群落生产力，尽管它们对 FD 和 CWM_{NC} 的直接影响是相反的（图 4.8a）。FD 和 CWM_{NC} 是比管理方式和 PGP 更重要的植物群落生产力的预测因子，表明管理方式和 PGP 对生产力的直接影响要小于它们的间接影响（通过群落功能结构的调节）（图 4.4a 和图 4.8a）。

降水量是许多地区气候变化最重要和最复杂的因子，因为它影响生长季的时间和长度[334]以及植物和动物对土壤水分和养分的可利用性。性状的 FD 一般随降水量的增加而增加[337]，通过增加降水量和适度放牧增加的 FD 对植物生产力有正向的影响（图 4.8a）。人们已经普遍认识到，群落内性状多样性的增加使物种能够充分利用更多样化的资源，从而导致更高的生态系统功能[100]。近年的一些 BEF 研究已经明确将 FD 与生态位互补联系起来，表明在具有广泛性状分布的群落中，生态位互补性越强，生态系统功能也越强。本实验中，在放牧样地，不同功能的物种显著降低了土壤速效磷含量，它们通过对养分的互补性利用，在很大程度上提高了植物群落整体的生产力（图 4.3 和图 4.8a）。

植物氮含量与参与光合作用的蛋白质浓度以及植物生长和防御策略密切相关[339]。已有研究表明，植物氮含量与土壤氮浓度呈正相关关系，而与降水量呈负相关关系[340]。在水分胁迫的条件下，植物叶片变厚，叶片氮含量增加，使植物能够高效地进行光合作用，充分利用光能，从而最大限度地减少水分的损失并提高水分利用效率[341,342]。此外，本文还发现，植物氮含量的 FD 在放牧样地显著高于围封样地，这表明放牧可以提高氮获取策略的多样性，而不是增加优势种的氮含量。

生态系统初级生产力通常与植物氮含量有关[343]。以往的研究表明，高的叶片氮含量对群落生产力有正面的影响，这是由于植物群落中豆科植物高的多度所致[149]。相比之下，本文的结果表明，放牧和增加的降水量会降低 CWM_{NC}，而 CWM_{NC} 对植物群落生产力有负面的影响（图 4.8a）。这一结果主要可以通过放牧动物选择性采食后，氮含量低的物种多度和生物量增加来解释。本研究发现，放牧增加了氮含量低的多年生丛生禾草的相对多度（克氏针茅和糙隐子草），这些占优势的多年生禾草通常通过休眠芽的萌发进行繁殖，并能快速长出新的分蘖。因此，它们展示出了迅速的再生能力，极大地促进了群落生产力。此外，在适宜的水分但氮受限制的条件下，植物氮浓度的降低也可用来解释 CWM_{NC} 与生产力之间的负相关关系。在有限的养分供应条件下，氮含量低的物种比氮含量高的物种能更好地维持植物产量，因为它们每单位氮能产生更多的生物量。综上所述，FD 的正效应和

113

CWM_{NC}的负效应清楚地表明，植物群落中营养物质获取策略的多样性和低氮物种高的多度对本研究较高的初级生产力而言是非常重要的。此外，本文发现 PGP 与 CWM_H 之间存在显著的负相关关系，这与在半干旱草原 PGP 通常促进植物生长并增加冠层高度的常识相反。通过数据的观察，本文认为这与夏季降水后低矮的丛生禾草（如糙隐子草）和一年生物种多度的大幅度增加有关，从而导致 CWM_H 的降低。

草地节肢动物数量众多、种类多样，并且它们在营养物质的分解、转化和释放过程中发挥着重要的作用[347]。在本研究中，土壤水分是节肢动物群落生产力的一个关键预测因子（图 4.4），这与其他研究的结果是一致的。水分含量可以通过调节节肢动物的活动和分布情况直接影响节肢动物，也可以通过改变植被特性和多样性间接影响节肢动物食物资源的数量和质量。一些研究发现，节肢动物的多度和丰富度在湿润条件下显著升高[348]。本研究结果表明，PGP 直接增加了节肢动物的物种丰富度，而不是通过增加植物 FD 间接增加其丰富度（图 4.8b）。

本研究也证实了放牧可以通过直接和间接的途径对节肢动物群落生产力产生负面的影响，间接影响主要通过降低节肢动物的个体大小（CWM_{BS}）来实现。同时，放牧管理比 CWM_{BS} 能更好地预测节肢动物群落生产力，表明放牧对生产力的直接影响要大于其间接影响（图 4.4b 和图 4.8b）。此外，刈割和 PGP 也可以通过降低 CWM_{BS} 降低节肢动物的生产力（图 4.8b）。在降水增加的条件下，CWM_{BS} 的降低是节肢动物群落内小型个体的数量和多度明显增加的结果，这与植物群落中 CWM_H 的降低是相似的。

4.3.3 物种丰富度、功能性状和功能多样性对植物和节肢动物群落生产力的相对作用

尽管放牧和刈割显著增加了植物的物种丰富度，且放牧降低、

PGP 增加了节肢动物的物种丰富度，但是不论在随机森林模型还是 SEM 分析中，物种丰富度都不能很好地预测植物或节肢动物的群落生产力，这与许多 BEF 研究的结果并不一致。这种不一致性也许与自然聚合群落 *vs.* 大多数 BEF 实验中的随机合成群落存在明显的差别有关，这一观点已经被 Xu et al.（2018）[258] 的研究所解释。取而代之的，在调节土地管理和降水量变化对植物群落生产力的影响方面，植物功能性状和它们在物种间的分布要比物种丰富度本身发挥更大的作用。本研究表明，植物氮含量的 CWM 值和 FD 对植物群落生产力的贡献大致相等。在节肢动物群落中，其个体大小的 CWM 值而不是 FD，能够最大限度地提高节肢动物的群落生产力。正如 Gagic et al.（2015）提出的，在陆生动物群落中，单个性状指数（CWM）通常被认为是生态系统功能最好的预测因子。因此，基于性状的方法在 BEF 研究中的广泛使用将可能极大地增加我们对 BEF 关系机制性的理解，并有助于草原生态系统的可持续管理。

4.4　结论

（1）尽管植物和节肢动物的群落加权平均大小（CWM_H 和 CWM_{BS}）在放牧和刈割样地都有所降低，但是植物和节肢动物的物种和功能多样性以及群落生产力对不同土地管理方式的响应是不同的。

（2）适度放牧通过间接地增加植物 FD 和减少植物氮含量（CWM_{NC}）提高植物群落生产力，但主要通过直接地放牧伤害以及间接地降低节肢动物个体大小（CWM_{BS}）降低节肢动物群落生产力。植物生长季降水量也可以通过调节植物 FD 和 CWM_{NC} 或节肢动物 CWM_{BS} 间接增加或减少植物和节肢动物群落生产力。

（3）不同管理方式和降水量诱导的功能性状和多样性的变

化，而不是物种丰富度的变化，是影响植物和节肢动物生产力的关键预测因子。

总而言之，这些结果表明，植物和节肢动物群落影响生态系统功能的机制是不同的。因此，为了更好地预测变化的环境中不同管理方式下的 BEF 关系，在未来的研究中考虑功能性状变化和多个营养级类群是至关重要的。

第5章 综合讨论和主要结论

5.1 综合讨论

本书以内蒙古大学草地生态学研究站内 2011 年建立的草原管理实验样地为研究对象，于 2017 年、2018 年连续两年调查了 3 种管理方式（放牧、刈割和围封）下草原的植被结构和土壤组成，分析了土壤指标、群落组成以及生物多样性在不同处理间的差异。运用目前国内外广泛关注的生态系统多功能性的概念，对不同管理方式进行了多功能性评价，并探讨了草原地上和地下生物多样性的不同组分（植物、节肢动物、土壤细菌和真菌）与 C、N、P 循环和生产力相关的功能以及与生态系统多功能性之间的关系。此外，建立物种-功能性状矩阵，量化物种间整体性状的差异，评估了不同管理方式下植物和节肢动物物种和功能多样性的变化，并分析了生物多样性、环境因子以及草地生产力之间的相互作用关系。同时，进一步探究了人为诱导的变化通过植物和节肢动物多样性影响生产力的潜在机制，即土地管理方式结合降水量变化，对植物和节肢动物生产力的直接（主要通过土壤理化因子的变化）和间接（主要通过植物和节肢动物多样性的调节）影响。本书试图从新的生物多样性量化方法（功能多样性）和整体的视角（生态系统的多功能性）深入认识生物多样性对生态系统功能的作用途径与机制，使之能够在变化的环境中更准确地预测生物多样性与生态系统功能间的关系，以期为内蒙古草原的生物多样性保护和可持续管理提供有益的理论支持。

5.1.1 不同管理方式对生物多样性、群落生产力以及生态系统多功能性的影响

放牧、刈割和围封是内蒙古草原最主要的土地管理方式，土地管理可以通过改变土壤理化性质直接影响生态系统功能[185]，也可以通过改变群落结构和多样性间接影响生态系统功能[352,353]。本书第 3 章的研究结果表明，不论是物种多样性（物种丰富度，Shannon-Weiner 指数和 Simpson 指数）（TD）还是功能多样性（FD），适度放牧都能显著提高植物群落的多样性，但会显著降低节肢动物群落的多样性。适度放牧可以通过食草动物的选择性采食抑制竞争优势种的多度，促进亚优势种的定居和存活，从而增加植物的 TD 和 FD 。此外，适度放牧还可以改善土壤养分循环和碳储，并诱导植物的补偿性生长，进一步提高植物群落生产力。因此，放牧条件下的草地在维持生态系统多功能性方面表现最好。然而，家畜放牧对大多数节肢动物类群的多样性和群落生产力来说都有负面的影响。大型食草动物可以通过无目的采食、踩踏和土壤紧实直接降低节肢动物的多样性和生产力，也可以通过诱导植被结构复杂性的降低和凋落物积累的减少间接降低它们的多样性和生产力。再者，放牧干扰作为一个环境筛，通常使节肢动物个体趋于小型化，也降低了其群落生产力[284,330]。总体来看，一年一次刈割对节肢动物的影响要明显小于放牧，这与刈割草地干扰频率较低、干扰之间的恢复时间较长有关[288]。且刈割同样能够通过降低优势种的竞争排除增加植物多样性[278]，并增强土壤氮和磷的可利用性，进而引发植物补偿性生长[210]。因此，相较于放牧和围封，刈割在同时保护植物和

节肢动物多样性及生态系统功能方面表现最好。

5.1.2　生物多样性不同组分与生态系统功能间的关系

由第 2 章的研究结果可知，草地管理方式对生态系统多功能性的影响可以通过生物多样性不同组分的不同响应所解释，即植物、节肢动物、土壤细菌和真菌。植物多样性与多功能性之间呈显著正相关关系，细菌多样性与多功能性之间呈显著负相关关系，而节肢动物和真菌多样性与多功能性之间无显著关系。人们已普遍接受植物多样性是一系列生态系统功能的关键驱动因子，而土壤微生物也可以通过改变养分供应速率和资源分配等影响生态系统功能。植物为土壤细菌提供碳源，而土壤细菌作为分解者可提高植物养分的可利用性[355,356]，从而增强生态系统功能。但另外，由于细菌在分解有机质的过程中只有当自身的营养需求被满足时才会为植物体提供养分，所以植物与土壤细菌之间也存在对养分的竞争[357]，从而降低生态系统功能。土壤细菌对生态系统多功能性负向的影响在氮和磷受到限制的生态系统中表现得尤为明显。虽然土壤细菌单独对多功能性的影响是负面的，但地上和地下生物多样性的结合远比单组分生物多样性对多功能性变化的解释能力更强。因此，保护地上和地下生物多样性对于草地的可持续管理是十分必要的。另外，功能多样性是基于功能性状的新的生物多样性量化方法，由于功能性状与生态系统功能直接相关，因此功能多样性与生态系统功能有更直接和密切的关系。虽然节肢动物物种多样性与植物生产力以及生态系统多功能性之间没有表现出明显的相关关系，但第 3 章的研究结果显示，节肢动物功能多样性与植物生产力在围封和刈割样地均表现出了显著的相关关系。由此说明，功能多样性或许比物种多样性能更好地预测初级生产力等生态系统功能。

5.1.3 生物多样性、环境因子以及草地生产力之间的相互作用

土地利用集约化对生物多样性的威胁促使大量研究致力于了解生物多样性和生态系统功能（BEF）之间的关系。然而，大多数 BEF 关系的研究都是在高度受控的植物群落中进行的，而陆生动物群落在很大程度上还未被探索，尤其关于动物功能多样性的研究更是少见。此外，多数 BEF 研究更多地关注生物多样性对生态系统功能的影响，而很少考虑生态系统功能强度对生物多样性的影响。因而本书在第 3 章同时考虑了植物和节肢动物物种和功能多样性（TD 和 FD）、土壤因子以及草地生产力之间的相互作用关系。结果表明，土壤容重是负向影响草地生产力和节肢动物 TD 最重要的土壤因子。草地生产力与植物 FD 呈正相互作用关系，而与节肢动物 TD 呈负相互作用关系。植物 FD 是生产力最重要、最直接的驱动因子已经在许多研究中得到了证实，群落内功能性状多样性的增加可以使物种充分利用更多样化的资源，导致更高的生态系统功能。而放牧和刈割可以通过增加植物 FD 和 TD 间接促进草地生产力的提高。与植物多样性相反，放牧降低了节肢动物的多样性（TD 和 FD），从而使得节肢动物 TD 与草地生产力之间表现为负的相互作用关系。已有研究表明，节肢动物群落对生态系统功能的最终影响可能是正的，也可能是负的，也可能是零，这主要取决于在更精细的尺度上正向和负向影响之间的平衡[302]，并且负向影响常常出现在分解率和生产力都低的生态系统中[188]。在本书所研究的草地生态系统中，土壤受氮、磷等养分限制且分解率、生产力低下，因而二者之间负的相互作用关系主要是由于家畜和食草性节肢动物从植物组织中直接去除生物量和营养物质所致。同时，草地生产力以难分解的凋落物形式回归到土壤中，对节肢动物 TD 也产生了负面的影响。总

之，生产力与植物多样性和节肢动物多样性的正、负双向关系主要是放牧/刈割对植物和节肢动物多样性影响的结果。这些发现也可以从功能性状的角度为不同土地利用对生物多样性和生态系统功能影响的研究提供新的见解。

5.1.4　功能性状和多样性在调节土地管理和降水对生态系统功能的影响方面的作用

过去的 BEF 研究更多地关注物种丰富度与生态系统功能之间的关系[64]，但物种数目本身并不与生态系统功能相关，物种对生态系统功能的影响需要通过功能性状来实现[79]。功能性状的量化不仅能直接体现物种间资源利用策略的差异，有助于理解种间关系，也能通过性状在群落中的值和分布范围体现群落整体的营养策略。因而功能多样性对生态系统功能的解释和预测能力要比物种丰富度等多样性指标更为强大。本书第 4 章的研究结果显示，不论在随机森林模型还是结构方程模型的分析中，物种丰富度都不能很好地预测植物或节肢动物的群落生产力。在调节土地管理和降水变化对植物和节肢动物群落生产力的影响方面，功能性状的群落加权平均值（CWM）和基于物种间性状分布的功能多样性（FD）能够发挥更大的作用。适度放牧和植物生长季降水可以通过间接地增加植物 FD 和减少植物氮含量（CWM_{NC}）提高植物群落生产力，但通过直接地放牧伤害以及间接地降低节肢动物个体大小（CWM_{BS}）降低节肢动物群落生产力。植物 FD 的正效应和 CWM_{NC} 的负效应清楚地表明，植物群落中营养物质获取策略的多样性和低氮物种高的多度对本研究地高的植物生产力而言是非常重要的。而在陆生动物群落中，单个性状指数（CWM）通常被认为是生态系统功能最好的预测因子。因此，节肢动物的个体大小（CWM_{BS}）而不是其 FD，能够更好地预测节肢动物的群落生产力。这些结果说明，植物和节肢动物群落影响生态系统功能的机制是不同的，而基于性状的方法在BEF 研究中的广泛使用将会极大地增加我们对 BEF 关系机制性的理解。

5.2 主要结论和研究展望

5.2.1 主要结论

（1）虽然适度放牧在维持植物多样性、草地生产力以及生态系统多功能性方面表现最好，但家畜放牧会降低节肢动物多样性和群落生产力。相较而言，一年一次的刈割在同时保护植物和节肢动物多样性及生态系统功能方面表现最好。

（2）生态系统多功能性与植物多样性呈显著正相关，且植物（地上）和土壤微生物（地下）多样性的结合远比单组分生物多样性对生态系统多功能性变化的解释能力更强。

（3）草地生产力与植物功能多样性呈正相互作用关系，而与节肢动物物种多样性呈负相互作用关系。生产力与植物多样性和节肢动物多样性的正、负双向关系主要是放牧/刈割对植物和节肢动物多样性影响的结果。如放牧引起的节肢动物多样性的下降和草地生产力的提高，导致节肢动物物种多样性与生产力呈负相关关系。

（4）适度放牧通过间接地增加植物 FD 和减少植物氮含量（CWM_{NC}）提高植物群落生产力，但主要通过直接放牧伤害以及间接降低节肢动物个体大小（CWM_{BS}）降低节肢动物群落生产力。植物生长季降水也可以通过调节植物 FD 和 CWM_{NC} 或节肢动物 CWM_{BS} 间接增加或减少植物和节肢动物群落生产力。并且，在调节管理方式和降水变化对植物和节肢动物群落生产力的影响方面，功能性状和多样性要比物种丰富度本身发挥更重要的作用。

5.2.2 研究展望

本研究中采集的节肢动物类群只被鉴定到了科水平，从而掩盖了物种水平的变化。未来的研究需要努力将这些无脊椎动物鉴定到比科更精细的水平，以便获得更稳健和准确的 BEF 关系。另外，土壤细菌和真菌的功能类群和多样性对生态系统功能有何影响，其影响机制是什么？这也是未来继续研究的方向之一。

参考文献

[1] 宋明华, 刘丽萍, 陈锦, 等. 草地生态系统生物和功能多样性及其优化管理 [J]. 生态环境学报, 2018, 27 (6): 193-202.

[2] 齐玉春, 董云社, 耿元波, 等. 我国草地生态系统碳循环研究进展 [J]. 地理科学进展, 2003, 22 (4): 342-352.

[3] 魏辅文, 聂永刚, 苗海霞, 等. 生物多样性丧失机制研究进展 [J]. 科学通报, 2014, 59 (6): 430-437.

[4] Walther G R. Community and ecosystem responses to recent climate change [J]. Philosophical Transactions of the Royal Society B: Biological Sciences, 2010, 365 (1549): 2019-2024.

[5] Wilson E O. Biodiversity [M]. Washington DC, USA: National Academies Press, 1988.

[6] Hoffmann M, Hilton-Taylor C, Angulo A, et al. The impact of conservation on the status of the world's vertebrates [J]. Science, 2012, 330 (6010): 1503-1509.

[7] 马克平. 生物多样性科学研究进展 [J]. 科学通报, 2014, 59 (6): 429.

[8] Kinzig A, Pacala S W, Tilman D. Functional consequences of biodiversity: empirical progress and theoretical

extensions［M］. Princeton NJ, USA: Princeton University Press, 2002.

［9］ Hooper D U, Chapin F S, Ewel J J, et al. Effects of biodiversity on ecosystem functioning: a consensus of current knowledge［J］. Ecological Monographs, 2005, 75 (1): 3-35.

［10］ Tilman D. Biodiversity and ecosystem functioning. Nature's services: societal dependence on natural ecosystems［M］. Washington DC, USA: Island press, 1997.

［11］ Carlander K D. The standing crop of fish in lakes［J］. Journal of the Fisheries Research Board of Canada, 1955, 12 (4): 543-570.

［12］ Macarthur R. Fluctuations of animal populations and a measure of community stability［J］. Ecology, 1955, 36 (3): 533-536.

［13］ May R M. Stability and complexity in model ecosystems［M］. Princeton NJ, USA: Princeton University Press, 1978.

［14］ Schulze E D, Mooney H A. Ecosystem function of biodiversity: a summary［M］. Berlin Heidelberg, Germany: Springer-Verlag, 1994.

［15］ Cardinale B J, Duffy J E, Gonzalez A, et al. Biodiversity loss and its impact on humanity［J］. Nature, 2012, 486 (7401): 59-67.

［16］ Schulze E D, Mooney H A. Biodiversity andecosystem function［M］. Berlin Heidelberg, Germany: Springer-Verlag, 1993.

［17］ 贺金生, 方精云, 马克平, 等. 生物多样性与生态系

统生产力：为什么野外观测和受控实验结果不一致？[J]. 植物生态学报，2003，27（6）：835-843.

[18] Naeem S, Thompson L, Lawler S, et al. Declining biodiversity can alter the performance of ecosystem [J]. Nature, 1994, 368 (6473): 734-737.

[19] Tilman D, Downing J A. Biodiversity and stability in grasslands [J]. Nature, 1994, 367 (6461): 363-365.

[20] Tilman D, Wedin D, Knops J. Productivity and sustainability influenced by biodiversity in grassland ecosystem [J]. Nature, 1996, 379 (6567): 718-720.

[21] Mcgrady-Steed J P, Harris P M, Morin P J. Biodiversity regulates ecosystem predictability [J]. Nature, 1997, 390 (6656): 162-165.

[22] Naeem S, Li S. Biodiversity enhances ecosystem reliability [J]. Nature, 1997, 390 (6659): 507-509.

[23] Hooper D, Vitousek P. The effects of plant composition and diversity on ecosystem processes [J]. Science, 1997, 277: 1302-1305.

[24] Hector A, Schmid B, Beierkuhnlein C, et al. Plant diversity and productivity experiments in european grasslands [J]. Science, 1999, 286 (5442): 1123-1127.

[25] Hooper D. The role of complementarity and competition in ecosystem responses to variation in plant diversity [J]. Ecology, 1998, 79 (2): 704-719.

[26] Mccann K S. The diversity - stability debate [J].

Nature, 2000, 405 (6783): 228-233.

[27] Loreau M, Naeem S, Inchausti P, et al. Biodiversity and ecosystem functioning: current knowledge and future challenges [J]. Science, 2001, 294 (5543): 804-808.

[28] 马克平. 生物多样性与生态系统功能的实验研究 [J]. 生物多样性, 2013, 21 (3): 247-248.

[29] 黄建辉, 白永飞, 韩兴国. 物种多样性与生态系统功能: 影响机制及有关假说 [J]. 生物多样性, 2001, 9 (1): 1-7.

[30] 张全国, 张大勇. 生物多样性与生态系统功能: 进展与争论 [J]. 生物多样性, 2002, 10 (1): 49-60.

[31] 李慧蓉. 生物多样性和生态系统功能研究综述 [J]. 生态学杂志, 2004, 23 (3): 109-114.

[32] Hector A, Hooper R. Darwin and the first ecological experiment [J]. Science, 2002, 295 (5555): 639-640.

[33] Kaiser J. Rift over biodiversity divides ecologists [J]. Science, 2000, 289 (5483): 1282-1283.

[34] Ehrlich P R, Erhlich A H. Extinction: the causes and consequences of the disappearance of species [M]. New York NY, USA: Random House, 1981.

[35] Walker B H. Biodiversity and ecological redundancy [J]. Conservation Biology, 1992, 6 (1): 18-23.

[36] Lawton J H. What do species do in ecosystems [J]. Oikos, 1994, 71 (3): 367-374.

[37] Tilman D, Wedin D, Knops J. Productivity and sustainability influenced by biodiversity in grassland ecosystem

[J]. Nature, 1996, 379 (6567): 718-720.

[38] Naeem S. Species redundancy and ecosystem reliability [J]. Conservation Biology, 1998, 12 (1): 39-45.

[39] Yachi S, Loreau M. Biodiversity and ecosystem productivity in a fluctuating environment: the insurance hypothesis [J]. Proceedings of the National Academy of Sciences of the United States of America, 1999, 96 (4): 1463-1468.

[40] Loreau M. Biodiversity and ecosystem functioning: recent theoretical advances [J]. Oikos, 2000, 91 (1): 3-17.

[41] Naeem S. Ecosystem consequences of biodiversity Loss: the evolution of a paradigm [J]. Ecology, 2002, 83 (6): 1537-1552.

[42] Isbell F I, Polley H W, Wilsey B J. Biodiversity, productivity and the temporal stability of productivity: patterns and processes [J]. Ecology Letters, 2009, 12 (5): 443-451.

[43] López-Mársico L, Altesor A. Relationship between plant species richness and productivity in natural grasslands [J]. Ecologia Austral, 2011, 21 (1): 101-109.

[44] Seidel D, Leuschner C, Scherber C, et al. The relationship between tree species richness, canopy space exploration and productivity in a temperate broad-leaf mixed forest [J]. Forest Ecology and Management, 2013, 310: 366-374.

[45] Naeem S, Hakansson K, Lawton J H, et al.

Biodiversity and plant productivity in a model assemblage of plant species [J]. Oikos, 1996, 76 (2): 259 – 264.

[46] Bai Y, Wu J, Pan Q, et al. Positive linear relationship between productivity and diversity: evidence from the Eurasian Steppe [J]. Journal of Applied Ecology, 2007, 44 (5): 1023–1034.

[47] Tilman D, Knops J, Wedin D A, et al. The Influence of functional diversity and composition on ecosystem processes [J]. Science, 1997, 277 (5330): 1300 – 1302.

[48] Hector A, Bazeley–White E, Loreau M, et al. Overyielding in grassland communities: testing the sampling effect hypothesis with replicated biodiversity experiments [J]. Ecology Letters, 2002, 5 (4): 502–511.

[49] Aerts R, Honnay O. Forest restoration, biodiversity and ecosystem functioning [J]. BMC Ecology, 2011, 11 (1): 1–10.

[50] Cardinale B, Wright J, Cadotte M, et al. Impacts of plant diversity on biomass production increase through time because of species complementarity [J]. Proceedings of the National Academy of Sciences of the United States of America, 2007, 104 (46): 18123 – 18128.

[51] Isbell F I, Polley H W, Wilsey B J. Species interaction mechanisms maintain grassland plant species diversity [J]. Ecology, 2009, 90 (7): 1821–1830.

[52] Ewel J J. Designing agricultural ecosystems for the hu-

mid tropics [J]. Annual Review of Ecology and Systematics, 1986, 17 (1): 245-271.

[53] Bertness M D, Callaway R. Positive interactions in communities [J]. Trends in Ecology and Evolution, 1994, 9 (5): 191-193.

[54]   Hector A, Schmid B, Beierkuhnlein C, et al. Plant dversity and productivity experiments in European grasslands [J]. Science, 1999, 286 (5442): 1123 - 1127.

[55] Tilman D, Fargione J, Wolff B, et al. Forecasting agriculturally driven global environmental change [J]. Science, 2001, 292 (5515): 281-284.

[56] Solbrig O T. The theory and practice of the science of biodiversity: a personal assessment [M]. Berlin Heidelberg, Germany: Springer-Verlag, 2000.

[57] 江小雷, 岳静, 张卫国, 等. 生物多样性, 生态系统功能与时空尺度 [J]. 草业学报, 2010, 19 (1): 221-227.

[58] Waide R, Willig M R, Steiner C, et al. The relationship between productivity and species richness [J]. Annual Review of Ecology and Systematics, 1999, 30 (1): 257-300.

[59] Chapin F S, Shaver G R. Individualistic growth response of tundra plant species to environmental manipulations in the field [J]. Ecology, 1985, 66 (2): 564-676.

[60] Chapin F S, Sala O, Burke I, et al. Ecosystem consequences of changing biodiversity experimental evidence and a research agenda for the future [J]. Bioscience,

1998，48（1）：45-51.

［61］ Silvertown J, Dodd M E, Mcconway K, et al. Rainfall, biomass variation, and community composition in the Park Grass Experiment ［J］. Ecology, 1994, 75（8）：2430-2437.

［62］ 李禄军，曾德慧. 物种多样性与生态系统功能的关系研究进展［J］. 生态学杂志，2008，27（11）：2010-2017.

［63］ Byrnes J E K, Gamfeldt L, Isbell F, et al. Investigating the relationship between biodiversity and ecosystem multifunctionality：challenges and solutions ［J］. Methods in Ecology and Evolution, 2014, 5（2）：111-124.

［64］ Cadotte M W, Carscadden K, Mirotchnick N. Beyond species：functional diversity and the maintenance of ecological processes and services ［J］. Journal of Applied Ecology, 2011, 48（5）：1079-1087.

［65］ 刘峰，贺金生，陈伟烈. 生物多样性的生态系统功能［J］. 植物学报，1999，16（6）：671-676.

［66］ Seidel D, Leuschner C, Scherber C, et al. The relationship between tree species richness, canopy space exploration and productivity in a temperate broad － leaf mixed forest ［J］. Forest Ecology and Management, 2013, 310（1）：366-374.

［67］ Letts B, Lamb E G, Mischkolz J M, et al. Litter accumulation drives grassland plant community composition and functional diversity via leaf traits ［J］. Plant Ecology, 2015, 216（3）：357-370.

［68］ Hector A, Bagchi R. Biodiversity and ecosystem multi-functionality ［J］. Nature, 2007, 448 (7150): 188-190.

［69］ Wagg C, Bender S F, Widmer F, et al. Soil biodiversity and soil community composition determine ecosystem multifunctionality ［J］. Proceedings of the National Academy of Sciences of the United States of America, 2014, 111 (14): 5266-5270.

［70］ Gamfeldt L, Hillebrand H, Jonsson P R. Multiple functions increase the importance of biodiversity for overall ecosystem functioning ［J］. Ecology, 2008, 89 (5): 1223-1231.

［71］ Sanderson M A, Skinner R H, Barker D J, et al. Plant species diversity and management of temperate forage and grazing land ecosystems ［J］. Crop Science, 2004, 44 (4): 1132-1144.

［72］ Zavaleta E S, Pasari J R, Hulvey K B, et al. Sustaining multiple ecosystem functions in grassland communities requires higher biodiversity ［ J ］. Proceedings of the National Academy of Sciences of the United States of America, 2010, 107 (4): 1443 - 1446.

［73］ Maestre F T, Quero J L, Gotelli N J, et al. Plant species richness and ecosystem multifunctionality in global drylands ［J］. Science, 2012, 335 (6065): 214 - 218.

［74］ Maestre F T, Castillo-Monroy A P, Bowker M A, et al. Species richness effects on ecosystem multifunctionality depend on evenness, composition and spatial pattern [J]. Journal of Ecology, 2012, 100 (2): 317-330.

[75] Valencia E, Maestre F T, Le B P Y, et al. Functional diversity enhances the resistance of ecosystem multifunctionality to aridity in Mediterranean drylands [J]. New Phytologist, 2015, 206 (2): 660-671.

[76] Soliveres S, Maestre F T, Eldridge D J, et al. Plant diversity and ecosystem multifunctionality peak at intermediate levels of woody cover in global drylands [J]. Global Ecology and Biogeography, 2014, 23 (12): 1408-1416.

[77] Jing X, Sanders N J, Shi Y, et al. The links between ecosystem multifunctionality and above- and belowground biodiversity are mediated by climate [J]. Nature Communications, 2015, 6 (6): 8159-8166.

[78] Wang L, Delgado-Baquerizo M, Wang D, et al. Diversifying livestock promotes multidiversity and multifunctionality in managed grasslands [J]. Proceedings of the National Academy of Sciences of the United States of America, 2019, 116 (13): 6187-6192.

[79] 李静鹏. 不同管理模式下草原生态系统多功能性与植物功能多样性的研究 [D]. 天津: 南开大学, 2016.

[80] 徐炜, 井新, 马志远, 等. 生态系统多功能性的测度方法 [J]. 生物多样性, 2016, 24 (1): 72-84.

[81] Mouillot D, Villéger S, Scherer-Lorenzen M, et al. Functional structure of biological communities predicts ecosystem multifunctionality [J]. Plos One, 2011, 6 (3): e17476.

[82] Bradford M A, Wood S A, Bardgett R D, et al. Discontinuity in the responses of ecosystem processes and multifunctionality to altered soil community composition [J]. Proceedings of the National Academy of Sciences of the United States of America, 2014, 111 (40): 14478-14483.

[83] Hooper D U, Vitousek P M. Effects of plant composition and diversity on nutrient cycling [J]. Ecological Monographs, 1998, 68 (1): 121-149.

[84] Flynn D F B, Mirotchnick N, Jain M, et al. Functional and phylogenetic diversity as predictors of biodiversity-ecosystem-function relationships [J]. Ecology, 2011, 92 (8): 1573-1581.

[85] Bregman T P, Lees A C, Seddon N, et al. Species interactions regulate the collapse of biodiversity and ecosystem function in tropical forest fragments [J]. Ecology, 2015, 96 (10): 2692-2704.

[86] Violle C, Navas M L, Vile D, et al. Let the concept of trait be functional! [J]. Oikos, 2007, 116 (5): 882-892.

[87] Díaz S, Cabido M. Vive la différence: plant functional diversity matters to ecosystem processes [J]. Irish Historical Studies, 2001, 10 (39): 173-343.

[88] Bunker D E, Declerck F, Bradford J C, et al. Species loss and aboveground carbon storage in a tropical forest [J]. Science, 2005, 310 (5750): 1029-1031.

[89] Levin S A. Encyclopedia of biodiversity [M]. San Diego CA, USA: Academic Press, 2001.

[90] Díaz S, Lavorel S, Bello F D, et al. Incorporating plant functional diversity effects in ecosystem service assessments [J]. Proceedings of the National Academy of Sciences of the United States of America, 2007, 104 (52): 20684-20689.

[91] Bernhardt-Römermann M, Römermann C, Sperlich S, et al. Explaining grassland biomass - the contribution of climate, species and functional diversity depends on fertilization and mowing frequency [J]. Journal of Applied Ecology, 2011, 48 (5): 1088-1097.

[92] Roscher C, Schumacher J, Gubsch M, et al. Using plant functional traits to explain diversity-productivityrelationships [J]. Plos One, 2012, 7 (5): e36760.

[93] 高凯, 朱铁霞, 韩国栋. 围封年限对内蒙古羊草-针茅典型草原植物功能群及其多样性的影响 [J]. 草业学报, 2013, 22 (6): 39-45.

[94] Hooper D U, Dukes J S. Overyielding among plant functional groups in a long-term experiment [J]. Ecology Letters, 2004, 7 (2): 95-105.

[95] Dukes J S. Biodiversity and invasibility in grassland microcosms [J]. Oecologia, 2001, 126 (4): 563-568.

[96] Hulot F D, Lacroix G, Lescher-Moutoué F, et al. Functional diversity governs ecosystem response to nutrient enrichment [J]. Nature, 2000, 405 (6784): 340-344.

[97] Pillar V D, Blanco C C, Müller S C, et al. Functional redundancy and stability in plant communities [J]. Journal of Vegetation Science, 2013, 24 (5):

963-974.

[98] Smith T M, Shugart H H, Woodward F I. Plantfuncti-
onal types: their relevance to ecosystem properties
and global change [M]. Cambridge, UK: Cambridge
University Press, 1997.

[99] Wright J P, Naeem S, Hector A, et al. Conventional
functional classification schemes underestimate the rela-
tionship with ecosystem functioning [J]. Ecology
Letters, 2006, 9 (2): 111-120.

[100] Petchey O L, Gaston K J. Functional diversity: back to
basics and looking forward [J]. Ecology Letters, 2006,
9 (6): 741-758.

[101] Cadotte M W, Cardinale B J, Oakley T H. Evolution-
ary history and the effect of biodiversity on plant pro-
ductivity [J]. Proceedings of the National Academy of
Sciences of the United States of America, 2008, 105
(44): 17012-17017.

[102] Luck G, Harrington R, Harrison P, et al. Quantifyi-
ng the contribution of organisms to the provision of eco-
system services [J]. Bioscience, 2009, 59 (3):
223-235.

[103] Ackerly D, Cornwell W K. A trait-based approach to
community assembly: partitioning of species trait values
into within - and among community components [J].
Ecology Letters, 2007, 10 (2): 135-145.

[104] Suding K, Lavorel S, Chapin Iii F S, et al. Scaling
environmental change through the community - level:
a trait-based response-and-effect framework for plants

[J]. Global Change Biology, 2008, 14 (5): 1125-1140.

[105] Mason N W H, Mouillot D, Lee W G, et al. Functional richness, functional evenness and functional divergence: the primary components of functional diversity [J]. Oikos, 2005, 111 (1): 112-118.

[106] Mouillot D, Mason W H N, Dumay O, et al. Functional regularity: a neglected aspect of functional diversity [J]. Oecologia, 2005, 142 (3): 353-359.

[107] Mason N W H, Macgillivray K, Steel J B, et al. An index of functional diversity [J]. Journal of Vegetation Science, 2009, 14 (4): 571-578.

[108] Rao C R. Diversity and dissimilarity coefficients: A unified approach [J]. Theoretical Population Biology, 1982, 21 (1): 24-43.

[109] Mouchet M A, Villéger S, Mason N W H, et al. Functional diversity measures: an overview of their redundancy and their ability to discriminate community assembly rules [J]. Functional Ecology, 2010, 24 (4): 867-876.

[110] Laliberté E, Legendre P. A distance-based framework for measuring functional diversity from multiple traits [J]. Ecology, 2010, 91 (1): 299-305.

[111] Lavorel S, Grigulis K, Mcintyre S, et al. Assessing functional diversity in the field - methodology matters! [J]. Functional Ecology, 2008, 22 (1): 134-147.

[112] Garnier E, Cortez J, Navas M L, et al. Plant functional markers capture ecosystem properties during sec-

ondary succession [J]. Ecology, 2004, 85 (9): 2630-2637.

[113] Ricotta C, Moretti M. Quantifying functional diversity with graph - theoretical measures: advantages and pitfalls [J]. Community Ecology, 2008, 9 (1): 11-16.

[114] Lavorel S. Plant functional effects on ecosystem services [J]. Journal of Ecology, 2013, 101 (1): 4-8.

[115] Zhichun L, Yongfei B. Testing mechanisms of N-enrichment-induced species loss in a semiarid Inner Mongolia grassland: critical thresholds and implications for long - term ecosystem responses [J]. Philosophical Transactions of the Royal Society B - Biological Sciences, 2012, 367 (1606): 3125-3134.

[116] Bu W, Zang R, Ding Y. Functional diversity increases with species diversity along successional gradient in a secondary tropical lowland rainforest [J]. Tropical Ecology, 2014, 55 (3): 393-401.

[117] Niu K, Choler P, De Bello F, et al. Fertilization decreases species diversity but increases functional diversity: a three - year experiment in a Tibetan alpine meadow [J]. Agriculture Ecosystems and Environment, 2014, 182 (2): 106-112.

[118] Yang Z, Hautier Y, Borer E, et al. Abundance- and functional-based mechanisms of plant diversity loss with fertilization in the presence and absence of herbivores [J]. Oecologia, 2015, 179 (1): 261-270.

[119] Auerswald K, Wittmer M H O M, Bai Y, et al. C_4

abundance in an Inner Mongolia grassland system is driven by temperature−moisture interaction, not grazing pressure [J]. Basic and Applied Ecology, 2012, 13 (1): 67−75.

[120] Fraser L, Greenall A, Carlyle C, et al. Adaptive phenotypic plasticity of *Pseudoroegneria spicata*: response of stomatal density, leaf area and biomass to changes in water supply and increased temperature [J]. Annals of Botany, 2009, 103 (5): 769−775.

[121] Hakuba M, Folini D, Wild M, et al. Impact of Greenland's topographic height on precipitation and snow accumulation in idealized simulations [J]. Journal of Geophysical Research (Atmospheres), 2012, 117 (D9): D09107−D09121.

[122] 王瑞丽, 于贵瑞, 何念鹏, 等. 中国森林叶片功能属性的纬度格局及其影响因素 [J]. 地理学报, 2015, 70 (11): 1735−1746.

[123] Warren C R, Tausz M, Adams M A. Does rainfall explain variation in leaf morphology and physiology among populations of red ironbark (*Eucalyptus sideroxylon* subsp. *tricarpa*) grown in a common garden? [J]. Tree Physiology, 2005, 25 (11): 1369−1378.

[124] Stark S, Enquist B, Saleska S, et al. Linking canopy leaf area and light environments with tree size distributions to explain Amazon forest demography [J]. Ecology Letters, 2015, 18 (7): 636−645.

[125] Lilles E B, Astrup R, Lefrancois M L, et al. Sapling leaf trait responses to light, tree height and soil

nutrients for three conifer species of contrasting shade tolerance ［J］. Tree Physiology, 2014, 34 (12): 1334-1347.

［126］ Davidar P, Rajagopal B, Mohandass D, et al. The effect of climatic gradients, topographic variation and species traits on the beta diversity of rain forest trees ［J］. Global Ecology and Biogeography, 2007, 16 (4): 510-518.

［127］ 杨锐, 张博睿, 王玲玲, 等. 元谋干热河谷植物功能性状组合的海拔梯度响应 ［J］. 生态环境学报, 2015, 24 (1): 49-56.

［128］ Batriu E, Ninot J M, Pino J. Filtering of plant functional traits is determined by environmental gradients and by past land use in a Mediterranean coastal marsh ［J］. Journal of Vegetation Science, 2014, 26 (3): 492-500.

［129］ 刘文亭, 卫智军, 吕世杰, 等. 内蒙古荒漠草原短花针茅叶片功能性状对不同草地经营方式的响应 ［J］. 生态环境学报, 2016, 25 (3): 385-392.

［130］ Petchey O L, Gaston K J. Functional diversity (FD), species richness, and community composition ［J］. Ecology Letters, 2002, 5 (3): 402-411.

［131］ De Bello F, Lepš J, Sebastià M-T. Variations in species and functional plant diversity along climatic and grazing gradients ［J］. Ecography, 2006, 29 (6): 801-810.

［132］ Sasaki T, Okubo S, Okayasu T, et al. Two-phase functional redundancy in plant communities along a grazing gradient in Mongolian rangelands [J]. Ecology, 2009, 90 (9): 2598-2608.

[133] Mayfield M, Boni M, Daily G, et al. Species and functional diversity of native and human – dominated plant communities [J]. Ecology, 2005, 86 (9): 2365-2372.

[134] 李瑞新, 丁勇, 马文静, 等. 植物功能多样性及其与生态系统功能关系研究进展 [J]. 生态环境学报, 2016, 25 (6): 1069-1075.

[135] Lanta V, Lepš J. Effect of functional group richness and species richness in manipulated productivity–diversity studies: a glasshouse pot experiment [J]. Acta Oecologica, 2006, 29 (1): 85-96.

[136] Gagic V, Bartomeus I, Jonsson T, et al. Functional identity and diversity of animals predict ecosystem functioning better than species – based indices [J]. Proceedings of the Royal Society B: Biological Sciences, 2015, 282 (1801): 1-8.

[137] Bai Y, Han X, Wu J, et al. Ecosystem stability and compensatory effects in the Inner Mongolia grassland [J]. Nature, 2004, 431 (7005): 181-184.

[138] Cavanaugh K C, Gosnell J S, Davis S, et al. Carbon storage in tropical forests correlates with taxonomic diversity and functional dominance on global scales [J]. Global Ecology and Biogeograph, 2014, 23 (5): 563-573.

[139] Chanteloup P, Bonis A. Functional diversity in root

and above – ground traits in a fertile grassland shows a detrimental effect on productivity [J]. Basic and Applied Ecology, 2013, 14 (3): 208-216.

[140] Grime J P. Benefits of plant diversity to ecosystems: immediate, filter and founder effects [J]. Journal of Ecology, 1988, 86 (6): 902-910.

[141] Schumacher J, Roscher C. Differential effects of functional traits on aboveground biomass in semi – natural grasslands [J]. Oikos, 2009, 118 (11): 1659-1668.

[142] Cardinale B, Matulich K, Hooper D, et al. The functional role of producer diversity in ecosystems [J]. American Journal of Botany, 2011, 98 (3): 572-592.

[143] Grime J P. Plant strategies, vegetation processes, and ecosystem properties [M]. Chichester, UK: John Wiley & Sons, 2001.

[144] Wright I J, Reich P B, Westoby M, et al. The worldwide leaf economics spectrum [J]. Nature, 2004, 428 (6985): 821-827.

[145] Cornelissen J H C, Lavorel S, Garnier E, et al. A handbook of protocols for standardised and easy measurement of plant functional traits worldwide [J]. Australian Journal of Botany, 2003, 51 (4): 335-380.

[146] D V, E G, B S, et al. Specific leaf area and dry matter content estimate thickness in laminar leaves [J]. Annals of botany, 2005, 96 (6): 1129-1136.

[147] Weiher E, Van Der Werf A, Thompson K, et al. Challenging Theophrastus: a common core list of

plant traits for functional ecology [J]. Journal of Vegetable Science, 1999, 10 (5): 609-620.

[148] Mcintyre S, Lavorel S, Landsberg J, et al. Disturbance response in vegetation: towards a global perspective on functional traits [J]. Journal of Vegetation Science, 1999, 10 (5): 621-630.

[149] Roscher C, Schumacher J, Lipowsky A, et al. A functional trait – based approach to understand community assembly and diversity-productivity relationships over 7 years in experimental grasslands [J]. Perspectives in Plant Ecology Evolution and Systematics, 2013, 15 (3): 139-149.

[150] Ren H, Eviner V, Gui W, et al. Livestock grazing regulates ecosystem multifunctionality in semiarid grassland [J]. Functional Ecology, 2018, 32 (12): 2790-2800.

[151] Roesch L F W, Fulthorpe R R, Riva A, et al. Pyrosequencing enumerates and contrasts soil microbial diversity [J]. ISME Journal, 2007, 1 (4): 283-290.

[152] 杨喜田, 宁国华, 董惠英, 等. 太行山区不同植被群落土壤微生物学特征变化 [J]. 应用生态学报, 2006, 17 (9): 1761-1764.

[153] Deyn G B D, Van Der Putten W H. Linking aboveground and belowground diversity [J]. Trends in Ecology and Evolution, 2005, 20 (11): 625-633.

[154] Wu P, Liu S, Liu X. Composition and spatio-temporal changes of soil macroinvertebrates in the biodiversity hotspot of northern Hengduanshan Mountains, China [J].

Plant and Soil, 2012, 357 (1-2): 321-338.

[155] Decaëns T, Jiménez J J, Gioia C, et al. The values of soil animals for conservation biology [J]. European Journal of Soil Biology, 2006, 42 (42): S23-S38.

[156] Bardgett R D, Chan K F. Experimental evidence that soil fauna enhance nutrient mineralization and plant nutrient uptake in montane grassland ecosystems [J]. Soil Biology and Biochemistry, 1999, 31 (7): 1007-1014.

[157] Kaneda S, Kaneko N. Collembolans feeding on soil affect carbon and nitrogen mineralization by their influence on microbial and nematode activities [J]. Biology and Fertility of Soils, 2008, 44 (3): 435-442.

[158] A'bear A D, Boddy L, Jones T H. Impacts of elevated temperature on the growth and functioning of decomposer fungi are influenced by grazing collembola [J]. Global Change Biology, 2012, 18 (6): 1823-1832.

[159] Longcore T. Terrestrial arthropods as indicators of ecological restoration success in coastal sage scrub (California, USA) [J]. Restoration Ecology, 2003, 11 (4): 397-409.

[160] Eyre M D, Labanowska-Bury D, Avayanos J G, et al. Ground beetles (Coleoptera, Carabidae) in an intensively managed vegetable crop landscape in eastern England [J]. Agriculture Ecosystems and Environment, 2009, 131 (3-4): 340-346.

[161] Van Der Heijden M G A, Martin F M, Selosse M A, et al. Mycorrhizal ecology and evolution: the past, the

present, and the future [J]. New Phytologist, 2015, 205 (4): 1406-1423.

[162] Setälä H, Marshall V G, Trofymow J A. Influence of body size of soil fauna on litter decomposition and[15] N uptake by poplar in a pot trial [J]. Soil Biology and Biochemistry, 1996, 28 (12): 1661-1675.

[163] Bradford M A, H J T, D B R, et al. Impacts of soil faunal community composition on model grassland ecosystems [J]. Science, 2002, 298 (5593): 615-618.

[164] De Deyn G B, Raaijmakers C E, Zoomer H R, et al. Soil invertebrate fauna enhances grassland succession and diversity [J]. Nature, 2003, 422 (6933): 711-713.

[165] Heemsbergen D A, Bery M P, Loreau M, et al. Biodiversity effects on soil processes explained by interspecific functional dissimilarity [J]. Science, 2004, 306 (5698): 1019-1020.

[166] Nielsen U N, Ayres E, Wall D H, et al. Soil biodiversity and carbon cycling: a review and synthesis of studies examining diversity – function relationships [J]. European Journal of Soil Science, 2011, 62 (1): 105-116.

[167] Hillebrand H, Matthiessen B. Biodiversity in a complex world: consolidation and progress in functional biodiversity research [J]. Ecology Letters, 2009, 12 (12): 1405-1419.

[168] Chillo V, Ojeda R A, Capmourteres V, et al. Func-

tional diversity loss with increasing livestock grazing intensity in drylands: the mechanisms and their consequences depend on the taxa [J]. Journal of Applied Ecology, 2016, 54 (3): 986-996.

[169] Chapin Iii F S, Zavaleta E, Eviner V, et al. Consequence of changing biodiversity [J]. Nature, 2000, 405 (6783): 232-242.

[170] Tilman D. Causes, consequences and ethics of biodiversity [J]. Nature, 2000, 405 (6783): 208-211.

[171] Wan S Q, Norby R J, Ledford J, et al. Responses of soil respiration to elevated CO_2, air warming, and changing soil water availability in a model old-field grassland [J]. Global Change Biology, 2007, 13 (11): 2411-2424.

[172] 李博. 生态学 [M]. 北京: 高等教育出版社, 2000.

[173] Mooney H, Larigauderie A, Cesario M, et al. Biodiversity, climate change, and ecosystem services [J]. Current Opinion in Environmental Sustainability, 2009, 1 (1): 46-54.

[174] Klein J A, Harte J, Zhao X Q. Experimental warming causes large and rapid species loss, dampened bysimulated grazing, on the Tibetan Plateau [J]. Ecology Letters, 2004, 7 (12): 1170-1179.

[175] Rustad L, Campbell J, Marion G, et al. A meta-analysis of the response of soil respiration, net N mineralization, and aboveground plant growth to experimental ecosystem warming [J]. Oecologia, 2001, 126 (4): 543-562.

[176] 王谋，李勇，白宪洲，等. 全球变暖对青藏高原腹地草地资源的影响 [J]. 自然资源学报，2004，19（3）：331-336.

[177] 周华坤，周兴民，赵新全. 模拟增温效应对矮嵩草草甸影响的初步研究 [J]. 植物生态学报，2000，24（5）：547-553.

[178] 张中华，周华坤，赵新全，等. 青藏高原高寒草地生物多样性与生态系统功能的关系 [J]. 生物多样性，2018，26（2）：111-129.

[179] 干珠扎布，段敏杰，郭亚奇，等. 喷灌对藏北高寒草地生产力和物种多样性的影响 [J]. 生态学报，2015，35（22）：7485-7493.

[180] 和润莲. 季节性雪被对高山林线交错带凋落物分解过程中中小型土壤动物多样性的影响 [D]. 成都：四川农业大学，2015.

[181] 朱凡，刘任涛，贺达汉. 模拟增雨条件下沙质草地地表植被和节肢动物群落变化特征 [J]. 草业科学，2014，31（12）：2333-2341.

[182] 宋敏. 增加降水及大气氮沉降对黄淮海平原弃耕地地表节肢动物的影响 [J]. 应用生态学报，2016，27（11）：3682-3688.

[183] Pereira H M, Navarro L M, Martins I S. Global biodiversity change：the bad，the good，and the unknown [J]. Annual Review of Environment and Resources，2012，37（1）：25-50.

[184] Allan E, Manning P, Alt F, et al. Land use intensification alters ecosystem multifunctionality via loss of biodiversity and changes to functional composition [J].

Ecology Letters, 2015, 18 (8): 834-843.

[185] Walter J, Hein R, Beierkuhnlein C, et al. Combined effects of multifactor climate change and land-use on decomposition in temperate grassland [J]. Soil Biology and Biochemistry, 2013, 60 (6): 10-18.

[186] Mayfield M M, Bonser S P, Morgan J W, et al. What does species richness tell us about functional trait diversity? Predictions and evidence for responses of species and functional trait diversity to land-use change [J]. Global Ecology and Biogeography, 2010, 19 (4): 423-431.

[187] Yang H, Wu M, Liu W, et al. Community structure and composition in response to climate change in a temperate steppe [J]. Global Change Biology, 2011, 17 (1): 452-465.

[188] Bardgett R D, Wardle D A. Herbivore-mediated linkages between aboveground and belowground communities [J]. Ecology, 2003, 84 (9): 2258-2268.

[189] Díaz S, Lavorel S, Mcintype S, et al. Plant trait responses to grazing - a global synthesis [J]. Global Change Biology, 2007, 13 (2): 313-341.

[190] Carrera A L, Bertiller M B, Larreguy C. Leaf litterfall, fine - root production, and decomposition in shrublands with different canopy structure induced by grazing in the Patagonian Monte, Argentina [J]. Plant and Soil, 2008, 311 (1-2): 39-50.

[191] Zou Y L, Niu D C, Fu H, et al. Moderate grazing promotes ecosystem carbon sequestration in an Al-

pine meadow on the Qinghai – Tibetan Plateau [J]. Journal of Animal and Plant Sciences, 2015, 25 (3): 165-171.

[192] Schon N, Mackay A D, Minor M A, et al. Soil fauna in grazed New Zealand hill country pastures at two management intensities [J]. Applied Soil Ecology, 2008, 40 (2): 218-228.

[193] Schon N, Mackay A D, Hedley M J, et al. Influence of soil faunal communities on nitrogen dynamics in legume-based mesocosms [J]. Soil Research, 2011, 49 (2): 190-201.

[194] 刘新民, 刘永江, 郭砺. 内蒙古典型草原大型土壤动物群落动态及其在放牧下的变化 [J]. 草地学报, 1999, 7 (3): 228-236.

[195] Sha Q, Zheng H, Lin Q, et al. Effects of livestock grazing intensity on soil biota in a semiarid steppe ofInner Mongolia [J]. Plant and Soil, 2011, 340 (1-2): 117-126.

[196] Catorci A, Cesaretti S, Malatesta L, et al. Effects of grazing vs mowing on the functional diversity of sub-Mediterranean productive grasslands [J]. Applied Vegetation Science, 2014, 17 (4): 658-669.

[197] Wan Z, Yang J, Gu R, et al. Influence of different mowing systems on community characteristics and the compensatory growth of important species of the *Stipa grandis* steppe in Inner Mongolia [J]. Sustainability, 2016, 8 (11): 1121-1131.

[198] Körösi, Szentirmai I, Batáry P, et al. Effects of timing

and frequency of mowing on the threatened scarce large blue butterfly-a fine-scale experiment [J]. Agriculture Ecosystems and Environment, 2014, 196 (1793): 24-33.

[199] 徐粒, 高琼, 王亚林. 围封 6 年对温带典型草原坡地物种多样性及其与地上生物量的关系的影响 [J]. 生态环境学报, 2014, 23 (3): 398-405.

[200] Johnson K H, Vogt K A, Clark H J, et al. Biodiversity and the productivity and stability of ecosystems [J]. Trends in Ecologyand Evolution, 1996, 11 (9): 372-377.

[201] Grime J P. Biodiversity and ecosystem function: the debate deepens [J]. Science, 1997, 277 (5330): 1260-1261.

[202] Pollock M M, Naiman R J, Hanley T A. Plant species richness in riparian wetlands-a test of biodiversity theory [J]. Ecology, 1998, 79 (1): 94-105.

[203] Waide R B, Willig M R, Steiner C F, et al. The relationship between productivity and species richness [J]. Annual Review of Ecology and Systematics, 1999, 30 (1): 257-330.

[204] Delgado-Baquerizo M, Eldridge D J, Ochoa V, et al. Soil microbial communities drive the resistance of ecosystem multifunctionality to global change in drylands across the globe [J]. Ecology Letters, 2017, 20 (10): 1295-1305.

[205] Bardgett R D, Van Der Putten W H. Belowground biodiversity and ecosystem functioning [J]. Nature,

2014, 515 (7528): 505-511.

[206] De Vries F T, Thébault E, Liiri M, et al. Soil food web properties explain ecosystem services across European land use systems [J]. Proceedings of the National Academy of Sciences of the United States of America, 2013, 110 (35): 14296-14301.

[207] Wardle D A, Bardgett R D, Klironomos J N, et al. Ecological linkages between aboveground and belowground biota [J]. Science, 2004, 304 (5677): 1629-1633.

[208] Delgado-Baquerizo M, Maestre F T, Reich P B, et al. Microbial diversity drives multifunctionality in terrestrial ecosystems [J]. Nature Communications, 2016, 7 (10541): 1-8.

[209] Yang Y, Wu L, Lin Q, et al. Responses of the functional structure of soil microbial community to livestock grazing in the Tibetan alpine grassland [J]. Global Change Biology, 2013, 19 (2): 637-648.

[210] Baoyin T, Li F Y, Bao Q, et al. Effects of mowing regimes and climate variability on hay production of *Leymus chinensis* (Trin.) Tzvelev grassland in northern China [J]. Rangeland Journal, 2014, 36 (6): 593-600.

[211] Li Y, Wang W, Liu Z, et al. Grazing gradient versus restoration succession of*Leymus chinensis* (Trin.) Tzvel. Grassland in Inner Mongolia [J]. Restoration Ecology, 2008, 16 (4): 572-583.

[212] De Mazancourt C, Loreau M, Abbadie L. Grazing

optimization and nutrient cycling: potential impact of large herbivores in a savanna system [J]. Ecological Applications, 1999, 9 (3): 784-797.

[213] Hayashi M, Fujita N, Yamauchi A. Theory of grazing optimization in which herbivory improves photosynthetic ability [J]. Journal of Theoretical Biology, 2007, 248 (2): 367-376.

[214] Harris D, Horwáth W R, Kessel C V. Acid fumigation of soils to remove carbonates prior to total organic carbon or carbon - 13 isotopic analysis [J]. Soil Science Society of America Journal, 2001, 65 (6): 1853-1856.

[215] Ewing B, Green P. Base-calling of automated sequencer traces using phred. II. Error probabilities [J]. Genome Research, 1998, 8 (3): 186-194.

[216] Ewing B, Hillier L, Wendl M, et al. Base-calling of automated sequencer traces using phred. I. Accuracy assessment [J]. Genome Research, 1998, 8 (3): 175-185.

[217] Magoc T, Salzberg S L. FLASH: fast length adjustment of short reads to improve genome assemblies [J]. Bioinformatics, 2011, 27 (21): 2957-2963.

[218] Edgar R C. UPARSE: highly accurate OTU sequences from microbial amplicon reads [J]. Nature methods, 2013, 10 (10): 996-998.

[219] Li Y. Impact of grazing on *Aneurolepidium chinense* steppe and *Stipa grandis* steppe [J]. Acta Oecologica, 1989, 10 (1): 31-46.

［220］ Abadín J, González-Prieto S J, Carballas T. Relation-ships among main soil properties and three N availability indices ［J］. Plant and Soil, 2011, 339 （1-2）: 193-208.

［221］ Gallardo A, Schlesinger W H. Carbon and nitrogen limitations of soil microbial biomass in desert ecosystems ［J］. Biogeochemistry, 1992, 18 （1）: 1-17.

［222］ Soussana J F, Allard V, Pilegaard K, et al. Full accounting of the greenhouse gas （ CO_2, NO_2, CH_4) budget of nine European grassland sites ［J］. Agriculture Ecosystems and Environment, 2007, 121 （1）: 121-134.

［223］ Schimel J P, Bennett J. Nitrogen mineralization: chal-lenges of a changing paradigm ［J］. Ecology, 2004, 85 （3）: 591-602.

［224］ Sinsabaugh R, Lauber C, Weintraub M, et al. Stoi-chiometry of soil enzyme activity at global scale ［J］. Ecology Letters, 2008, 11 （11）: 1252-1264.

［225］ Pettorelli N, Vik J, Mysterud A, et al. Using the sat-ellite-derived NDVI to assess ecological responses to environmental change ［J］. Trends in Ecology and Evolution, 2005, 20 （9）: 503-510.

［226］ Manning P, Van Der Plas F, Soliveres S, et al. Redefining ecosystem multifunctionality ［J］. Nature Ecology and Evolution, 2018, 2 （3）: 427-436.

［227］ Shan Y, Chen D, Guan X, et al. Seasonally dependent impacts of grazing on soil nitrogen mineralization and linkages to ecosystem functioning in Inner Mongolia grassland [J]. Soil Biology and Biochemistry, 2011, 43 (9): 1943–1954.

[228]　Scherer‑Lorenzen M, Palmborg C, Prinz A, et al. The role of plant diversity and composition for nitrate leaching in grasslands [J]. Ecology, 2003, 84 (6): 1539–1552.

[229]　Nakagawa S, Schielzeth H. A general and simple method for obtaining R^2 from generalized linear mixed‑effects models [J]. Methods in Ecology and Evolution, 2013, 4 (2): 133–142.

[230]　Pasari J R, Levi T, Zavaleta E S, et al. Several scales of biodiversity affect ecosystem multifunctionality [J]. Proceedings of the National Academy of Sciences of the United States of America, 2013, 110 (25): 10219–10222.

[231]　Bowker M A, Maestre F T, Mau R L. Diversity and patch‑size distributions of biological soil crusts regulate dryland ecosystem multifunctionality [J]. Ecosystems, 2013, 16 (6): 923–933.

[232]　Raich J W, Schlesinger W H. The global carbon dioxide flux in soil respiration and its relationship to vegetation and climate [J]. Tellus Series B‑chemical and Physical Meteorology, 1992, 44 (2): 81–99.

[233]　Kohler F, Hamelin J, Gillet F, et al. Soil microbial community changes in wooded mountain pastures due to simulated effects of cattle grazing [J]. Plant and Soil, 2005, 278 (1–2): 327–340.

[234]　Bai Y, Wu J, Pan Q, et al. Positive linear relationship

between productivity and diversity: evidence from the Eurasian steppe [J]. Journal of Applied Ecology, 2007, 44 (5): 1023-1034.

[235] Hossain M Z, Sugiyama S I. Effects of chemical composition on the rate and temporal pattern of decomposition in grassland species leaf litter [J]. Grassland Science, 2010, 54 (1): 40-44.

[236] Xiong S, Nilsson C. The effects of plant litter on vegetation: a meta-analysis [J]. Journal of Ecology, 1999, 87 (6): 984-994.

[237] Ruprecht E, Jozsa J, Olvedi T, et al. Differential effects of several "litter" types on the germination of dry grassland species [J]. Journal of Vegetation Science, 2010, 21 (6): 1069-1081.

[238] Millennium ecosystem assessment: ecosystems and human well being-synthesis report. Island Press, Washington DC, USA, 2005.

[239] Van Der Heijden M G A, Bardgett R D, Van Straalen N M. The unseen majority: soil microbes as drivers of plant diversity and productivity in terrestrial ecosystems [J]. Ecology Letters, 2008, 11 (3): 296-310.

[240] Mittelbach G G, Steiner C F, Scheiner S M, et al. What Is the observed relationship between species richness and productivity? [J]. Ecology, 2001, 82 (9): 2381-2396.

[241] Nordin A, Schmidt I K, Shaver G R. Nitrogen uptake by arctic soil microbes and plants in relation to soil nitrogen supply [J]. Ecology, 2004, 85 (4):

955-962.

[242] Finzi A C, Berthrong S T. The uptake of amino acids by microbes and trees in three cold-temperate forests [J]. Ecology, 2005, 86 (12): 3345-3353.

[243] Bardgett R D, Streeter T C, Bol R. Soil microbes compete effectively with plants for organic - nitrogen inputs to temperate grasslands [J]. Ecology, 2003, 84 (5): 1277-1287.

[244] Bell T H, Callender K L, Whyte L G, et al. Microbial competition in polar soils: a review of an understudied but potentially important control on productivity [J]. Biology, 2013, 2 (2): 533-554.

[245] Schmidt I K, Michelsen A, Jonasson S. Effects of labile soil carbon on nutrient partitioning between an arctic graminoid and microbes [J]. Oecologia, 1997, 112 (4): 557-565.

[246] Cairney J W G. Basidiomycetes mycelia in forest soils: dimensions, dynamics and roles in nutrient distribution [J]. Mycological Research, 2005, 109 (1): 7-20.

[247] Dighton J. Nutrient cycling by saprotrophic fungi in terrestrial habitats [M]. New York NY, USA: Springer-Verlag, 2007. 287-300.

[248] Holden S R, Gutierrez A, Treseder K K. Changes in soil fungal communities, extracellular enzyme activities, and litter decomposition across a fire chronosequence in Alaskan boreal forests [J]. Ecosystems, 2013, 16 (1): 34-46.

[249] Bardgett R D, Cook R. Functional aspects of soil animal

diversity in agricultural grasslands [J]. Applied Soil Ecology, 1998, 10 (3): 263-276.

[250] Schmitz O J, Buchkowski R W, Burghardt K T, et al. Functional traits and trait-mediated interactions: connecting community - level interactions with ecosystem functioning [J]. Advances in Ecological Research, 2015, 52: 319-343.

[251] Finney D M, Kaye J P. Functional diversity in cover crop polycultures increases multifunctionality of an agricultural system [J]. Journal of Applied Ecology, 2016, 54 (2): 54-62.

[252] Hooper D U, Chapin F S, Ewel J J, et al. Effects of biodiversity on ecosystem functioning: A consensus of current knowledge [J]. Ecological Monographs, 2005, 75 (1): 3-35.

[253] Naeem S, Bunker D E. Biodiversity, ecosystem functioning, and human wellbeing: an ecological and economic perspective [M]. New York NY, USA: Oxford University Press, 2009.

[254] Aarssen L W. High productivity in grassland ecosystems: effected by species diversity or productive species? [J]. Oikos, 1997, 80 (1): 183-184.

[255] Grace J B, Anderson T M, Seabloom E W, et al. Integrative modelling reveals mechanisms linking productivity and plant species richness [J]. Nature, 2016, 529 (7586): 390-393.

[256] Naeem S, Wright J P. Disentangling biodiversity effects on ecosystem functioning: deriving solutions to a seem-

ingly insurmountable problem ［J］. Ecology Letters, 2003, 6 (6): 567-579.

［257］ Violle C, Navas M-L, Vile D, et al. Let the concept of trait be functional! ［J］. Oikos, 2007, 116 (5): 882-892.

［258］ Xu Z, Li M, Zimmermann N E, et al. Plant functional diversity modulates global environmental changeeffects on grassland productivity ［J］. Journal of Ecology, 2018, 106 (5): 1941-1951.

［259］ Hector A, Joshi J, Lawler S, et al. Conservation implications of the link between biodiversity and ecosystem functioning ［J］. Oecologia, 2001, 129 (4): 624-628.

［260］ Foley J, Defries R, Asner G, et al. Global consequences of land use ［J］. Science, 2005, 309 (5734): 570-574.

［261］ Flynn D, Gogol-Prokurat M, Nogeire T, et al. Loss of functional diversity under land use intensification across multiple taxa ［J］. Ecology Letters, 2009, 12 (1): 22-33.

［262］ Carmona C P, Azcárate F M, De Bello F, et al. Taxonomical and functional diversity turnover in Mediterranean grasslands: interactions between grazing, habitat type and rainfall ［J］. Journal of Applied Ecology, 2012, 49 (5): 1084-1093.

［263］ Hevia V, Carmona C P, Azcárate F M, et al. Effects of land use on taxonomic and functional diversity: a cross-taxon analysis in a Mediterranean landscape

[J]. Oecologia, 2015, 181 (4): 959-970.

[264] Chillo V, Anand M. Effects of past pollution on zoochory in a recovering mixed temperate – boreal forest [J]. Écoscience, 2012, 19 (3): 258-265.

[265] García D, Martínez D. Species richness matters for the quality of ecosystem services: a test using seed dispersal by frugivorous birds [J]. Proceedings of the Royal Society B: Biological Sciences, 2012, 279 (1740): 3106-3113.

[266] Godbold J A, Solan M. Relative importance of biodiversity and the environment in mediating ecosystem process [J]. Marine Ecology Progress, 2009, 396 (6): 273-282.

[267] De Laender F, Rohr J R, Ashauer R, et al. Reintroducing environmental change drivers in biodiversity – ecosystem functioning research [J]. Trends in Ecology and Evolution, 2016, 31 (12): 905-915.

[268] Van Schalkwyk J, Pryke J S, Samways M J, et al. Congruence between arthropod and plant diversity in a biodiversity hotspot largely driven by underlying abiotic factors [J]. Ecological Applications, 2019, 29 (4): e01883.

[269] Van Klink R, Schrama M, Nolte S, et al. Defoliation and soil compaction jointly drive large-herbivore grazing effects on plants and soil arthropods on clay soil [J]. Ecosystems, 2015, 18 (4): 671-685.

[270] Catorci A, Cesaretti S, Gatti R, et al. Trait-related flowering patterns in submediterranean mountain

meadows ［J］. Plant Ecology, 2012, 213 （8）:
1315-1328.

［271］ Yan Y, Lu X. Is grazing exclusion effective in restoring
vegetation in degraded alpine grasslands in Tibet,
China? ［J］. Peerj, 2015, 3 （6）: e1020-e1035.

［272］ De Bello F, Lepš J, Sebastià M-T. Predictive value of
plant traits to grazing along a climatic gradient in the
Mediterranean ［J］. Journal of Applied Ecology,
2005, 42 （5）: 824-833.

［273］ Canadell J G, Pataki D E, Pitelka L F. Terrestrial eco-
systems in a changing world ［M］. Berlin Heidelberg,
Germany: Springer-Verlag, 2007.

［274］ Botta-Dukát Z. Rao's quadratic entropy as a measure of
functional diversity ［J］. Journal of Vegetation
Science, 2005, 16 （5）: 533-540.

［275］ Sanchez G. PLS path modeling with R ［M］. Berkeley,
USA: Trowchez Editions, 2013.

［276］ Hoyle R H. Statistical strategies for small sample
research ［M］. London, UK: SAGE Publications,
1999.

［277］ Benton T, Bryant D, Cole L, et al. Linking agricult-
ural practice to insect and bird populations a histori-
cal study over three decades ［J］. Journal of Applied
Ecology, 2002, 39 （4）: 673-687.

［278］ Socher S A, Prati D, Boch S, et al. Direct and pro-
ductivity - mediated indirect effects of fertilization,
mowing and grazing on grassland species richness ［J］.
Journal of Ecology, 2012, 100 （6）: 1391-1399.

[279] East R, Pottinger R. Use of grazing animals to control insect pests of pasture [J]. New Zealand Entomologist, 1983, 7 (4): 352−359.

[280] Cole L, Buckland S M, Bardgett R D. Influence of disturbance and nitrogen addition on plant and soilanimal diversity in grassland [J]. Soil Biology and Biochemistry, 2008, 40 (2): 505−514.

[281] Beylich A, Oberholzer H−R, Schrader S, et al. Evaluation of soil compaction effects on soil biota and soil biological processes in soils [J]. Soil and Tillage Research, 2010, 109 (2): 133−143.

[282] Borer E T, Seabloom E W, Gruner D S, et al. Herbivores and nutrients control grassland plant diversity via light limitation [J]. Nature, 2014, 508 (7497): 517−520.

[283] Van Klink R, Van Der Plas F, Van Noordwijk C G E, et al. Effects of large herbivores on grassland arthropod diversity [J]. Biological Reviews, 2015, 90 (2): 347−366.

[284] Simons N K, Weisser W W, Gossner M M. Multi−taxa approach shows consistent shifts in arthropod functional traits along grassland land−use intensity gradient [J]. Ecology, 2016, 97 (3): 754−764.

[285] Morris M G, Clarke R T, Rispin W E. The success of a rotational grazing system in conserving the diversity of chalk grassland Auchenorrhyncha [J]. Journal of Insect Conservation, 2005, 9 (4): 363−374.

[286] Timo T. Effects of mowing and ploughing on the primary

production and flora and fauna of a reserved field in central Finland [J]. Acta Agriculturae Scandinavica, 1977, 27 (4): 253-264.

[287] Purvis G, Curry J P. The Influence of sward management on foliage arthropod communities in a ley grassland [J]. Journal of Applied Ecology, 1981, 18 (3): 711-725.

[288] Curry J P. The invertebrate fauna of grassland and its influence on productivity. II. Factors affecting the abundance and composition of the fauna [J]. Grass and Forage Science, 1987, 42 (3): 197-212.

[289] 刘继亮, 李锋瑞, 刘七军, 等. 黑河中游干旱荒漠地面节肢动物群落季节变异规律 [J]. 草业学报, 2010, 19 (5): 161-169.

[290] Mcgill B J, Enquist B J, Weiher E, et al. Rebuilding community ecology from functional traits [J]. Trends in Ecology and Evolution, 2006, 21 (4): 178-185.

[291] Takehiro S, Satoru O, Tomoo O, et al. Two-phase functional redundancy in plant communities along a grazing gradient in Mongolian rangelands [J]. Ecology, 2009, 90 (9): 2598-2608.

[292] Lubbers I, De Deyn G, Drake H, et al. Functional diversity of soil invertebrates: a potential tool to explain N_2O emission? [A]. EGU General Assembly Conference [C]. Vienna, Austria, 2017.

[293] Setälä H, Huhta V. Soil fauna increase *Betula pendula* growth: laboratory experiments with coniferous forest

floor [J]. Ecology, 1991, 72 (2): 665-671.

[294] Tilman D, Knops J, Wedin D, et al. The influence of functional diversity and composition on ecosystem processes [J]. Science, 1997, 277 (5330): 1300-1302.

[295] Rusek J. Biodiversity of Collembola and their functional role in the ecosystem [J]. Biodiversity and Conservation, 1998, 7 (9): 1207-1219.

[296] Baoyin T, Li F Y, Minggagud H, et al. Mowing succession of species composition is determined by plant growth forms, not photosynthetic pathways in *Leymus chinensis* grassland of Inner Mongolia [J]. Landscape Ecology, 2015, 30 (9): 1795-1803.

[297] Eisenhauer N, Sabais A C W, Scheu S. Collembola species composition and diversity effects on ecosystem functioning vary with plant functional group identity [J]. Soil Biology and Biochemistry, 2011, 43 (8): 1697-1704.

[298] Milcu A, Allan E, Roscher C, et al. Functionally and phylogenetically diverse plant communities key to soil biota [J]. Ecology, 2013, 94 (8): 1878-1885.

[299] Clark C, Flynn D, Butterfield B, et al. Testing the link between functional diversity and ecosystem functioning in a Minnesota grassland experiment [J]. Plos One, 2012, 7 (12): e52821.

[300] Petchey O L, Hector A, Gaston K J. How do different measures of functional diversity perform? [J]. Ecology, 2004, 85 (3): 847-857.

[301] Curry J P. The invertebrate fauna of grassland and its influence on productivity. III. Effects on soil fertility and plant growth [J]. Grass and Forage Science, 1987, 42 (4): 325-341.

[302] Lawton J H, Jones C G. Linking species and ecosystems: organisms as ecosystem engineers [M]. New York NY, USA: Springer-Verlag, 1995.

[303] Petermann J S, Müller C B, Weigelt A, et al. Effect of plant species loss on aphid-parasitoid communities [J]. Journal of Animal Ecology, 2010, 79 (3): 709-720.

[304] Randlkofer B, Obermaier E, Casas J, et al. Connectivity counts: disentangling effects of vegetation structure elements on the searching movement of a parasitoid [J]. Ecological Entomology, 2010, 35 (4): 446-455.

[305] Randlkofer B, Obermaier E, Hilker M, et al. Vegetation complexity-the influence of plant species diversity and plant structures on plant chemical complexity and arthropods [J]. Basic and Applied Ecology, 2010, 11 (5): 383-395.

[306] Wall D H, Bardgett R D, Kelly E. Biodiversity in the dark [J]. Nature Geoscience, 2010, 3 (5): 297-298.

[307] Klironomos J N, Mccune J, Hart M, et al. The influence of arbuscular mycorrhizae on the relationship between plant diversity and productivity [J]. Ecology Letters, 2000, 3 (2): 137-141.

[308] Vitousek P M, Mooney H A, Lubchenco J, et al. Human domination of earth's ecosystems [J]. Science, 1997, 277 (5325): 494-499.

[309] Zhang X, Zwiers Francis W, Hegerl Gabriele C, et al. Detection of human influence on twentieth-century precipitation trends [J]. Nature, 2007, 448 (7152): 461-465.

[310] Tilman D, Isbell F, Cowles J M. Biodiversity and ecosystem functioning [J]. Annual Review of Ecology, Evolution, and Systematics, 2014, 45 (1): 471-493.

[311] Pimm S L, Jenkins C N, Abell R, et al. The biodiversity of species and their rates of extinction, distribution, and protection [J]. Science, 2014, 344 (6187): 1246752.

[312] Gonzalez A, Cardinale B J, Allington G R, et al. Estimating local biodiversity change: a critique of papers claiming no net loss of local diversity [J]. Ecology, 2016, 97 (8): 1949-1960.

[313] Isbell F, B R P, Tilman D, et al. Nutrient enrichment, biodiversity loss, and consequent declines in ecosystem productivity [J]. Proceedings of the National Academy of Sciences of the United States of America, 2013, 110 (29): 11911-11916.

[314] Laliberté E, Wells J A, Declerck F, et al. Land-use intensification reduces functional redundancy and response diversity in plant communities [J]. Ecology Letters, 2010, 13 (1): 76-86.

[315] Srivastava D S, Cadotte M W, Macdonald A A, et al. Phylogenetic diversity and the functioning of ecosystems [J]. Ecology Letters, 2012, 15 (7): 637-648.

[316] Cadotte M W. Experimental evidence that evolutionarily diverse assemblages result in higher productivity [J]. Proceedings of the National Academy of Sciences of the United States of America, 2013, 110 (22): 8996-9000.

[317] De Bello F, Lavorel S, Díaz S, et al. Towards an assessment of multiple ecosystem processes and services via functional traits [J]. Biodiversity and Conservation, 2010, 19 (10): 2873-2893.

[318] Thakur M P, Berg M P, Eisenhauer N, et al. Disturbance − diversity relationships for soil fauna are explained by faunal community biomass in a salt marsh [J]. Soil Biology and Biochemistry, 2014, 78 (78): 30-37.

[319] Vandewalle M, Bello F D, Berg M P, et al. Functional traits as indicators of biodiversity response to land use changes across ecosystems and organisms [J]. Biodiversity and Conservation, 2010, 19 (10): 2921-2947.

[320] Chevene F, Doleadec S, Chessel D. A fuzzy coding approach for the analysis of long−term ecological data [J]. Freshwater Biology, 1994, 31 (3): 295-309.

[321] Bady P, Dolédec S, Fesl C, et al. Use of invertebrate traits for the biomonitoring of European large rivers: the effects of sampling effort on genus richness

and functional diversity [J]. Freshwater Biology, 2005, 50 (1): 159-173.

[322] Garnier E, Cortez J, Billès G, et al. Plant functional markers capture ecosystem properties during secondary succession [J]. Ecology, 2004, 85 (9): 2630 - 2637.

[323] Grace J B. Structural equation modeling natural systems [M]. Cambridge, UK: Cambridge University Press, 2006.

[324] Vesk P A, Leishman M R, Westoby M. Simple traits do not predict grazing response in Australian dry shrublands and woodlands [J]. Journal of Applied Ecology, 2004, 41 (1): 22-31.

[325] Coley P D, Bryant J P, Chapin F S. Resource availability and plant antiherbivore defense [J]. Science, 1985, 230 (4728): 895-899.

[326] Anderson T M, Ritchie M E, Mcnaughton S J. Rainfall and soils modify plant community response to grazing in Serengeti National Park [J]. Ecology, 2007, 88 (5): 1191-1201.

[327] Ritchie M E, Tilman D, Knops J M H. Herbivore effects on plant and nitrogen dynamics in oak savanna [J]. Ecology, 1998, 79 (1): 165-177.

[328] Kang L, Han X, Zhang Z, et al. Grassland ecosystems in China: review of current knowledge and research advancement [J]. Philosophical Transactions of the Royal Society of London, 2007, 362 (1482): 997-1008.

［329］ Zhao W, Chen S, Han X, et al. Effects of long-term grazing on the morphological and functional traits of *Leymus chinensis* in the semiarid grassland of Inner Mongolia, China ［J］. Ecological Research, 2008, 24 (1): 99-108.

［330］ Hutchinson K L, King K L. The effects of sheep stocking level on invertebrate abundance, biomass and energy utilization in a temperate, sown grassland ［J］. Journal of Applied Ecology, 1980, 17 (2): 369-387.

［331］ Brose U, Jonsson T, Berlow E L, et al. Consumer－resource body－size relationships in natural food webs ［J］. Ecology, 2006, 87 (10): 2411-2417.

［332］ Tscharntke T. Vertebrate effects on plant－invertebrate food webs ［M］. Oxford, UK: Blackwell Science Ltd, 1997. 277-297.

［333］ Mokany K, Ash J, Roxburgh S. Functional identity is more important than diversity in influencing ecosystem processes in a temperate native grassland ［J］. Journal of Ecology, 2008, 96 (5): 884-893.

［334］ IPCC. Cambridge University Press, Cambridge, UK, 2007.

［335］ Maudsley M, Seeley B, Lewis O. Spatial distribution patterns of predatory arthropods within an English hedgerow in early winter in relation to habitat variables ［J］. Agriculture Ecosystems and Environment, 2002, 89 (1-2): 77-89.

［336］ Weltzin J F, Loik M E, Schwinning S, et al. Assess-

ing the response of terrestrial ecosystems to poten-
tial changes in precipitation [J]. Bioscience, 2003,
53 (10): 941-952.

[337] Costa D S, Gerschlauer F, Pabst H, et al. Communi-
ty-weighted means and functional dispersion of plant
functional traits along environmental gradients on Mount
Kilimanjaro [J]. Journal of Vegetation Science,
2017, 28 (4): 684-695.

[338] Cadotte M W. Functional traits explain ecosystem func-
tion through opposing mechanisms [J]. Ecology
Letters, 2017, 20 (8): 989-996.

[339] Reich P B, Walters M B, Ellsworth D S. Leaf life-span
in relation to leaf, plant, and stand characteristics
among diverse ecosystems [J]. Ecological Monographs,
1992, 62 (3): 365-392.

[340] Olff H, Ritchie M E, Prins H H T. Global environ-
mental controls of diversity in large herbivores [J].
Nature, 2002, 415 (6874): 901-904.

[341] Cunningham S A, Summerhayes B, Westoby M. Evolu-
tionary divergences in leaf structure and chemistry, com-
paring rainfall and soil nutrient gradients [J]. Ecological
Monographs, 1999, 69 (4): 569-588.

[342] Wright I J, Reich P B, Westoby M. Strategy shifts in
leaf physiology, structure and nutrient content
between species of high- and low-rainfall and high-
and low-nutrient habitats [J]. Functional Ecology,
2001, 15 (4): 423-434.

[343] Lavorel S, Grigulis K, Lamarque P, et al. Using

plant functional traits to understand the landscapedistribution of multiple ecosystem services [J]. Journal of Ecology, 2011, 99 (1): 135-147.

[344] Zheng S, Li W, Lan Z, et al. Functional trait responses to grazing are mediated by soil moisture and plant functional group identity [J]. Scientific Reports, 2015, 5: 18163.

[345] Grime J P, Thompson K, Hunt R, et al. Integrated screening validates primary axes of specialisation in plants [J]. Oikos, 1997, 79 (2): 259-281.

[346] Mediavilla S, Escudero A. Relative growth rate of leaf biomass and leaf nitrogen content in several mediterranean woody species [J]. Plant Ecology, 2003, 168 (2): 321-332.

[347] A'bear A D, Boddy L, Hefin Jones T. Impacts of elevated temperature on the growth and functioning of decomposer fungi are influenced by grazing collembola [J]. Global Change Biology, 2012, 18 (6): 1823-1832.

[348] Williams R S, Marbert B S, Fisk M C, et al. Ground-dwelling beetle responses to long-term precipitation alterations in a hardwood forest [J]. Southeastern Naturalist, 2014, 13 (1): 138-155.

[349] Canepuccia A D, Cicchino A, Escalante A, et al. Differential responses of marsh arthropods to rainfall-induced habitat loss [J]. Zoological Studies, 2009, 48 (2): 174-183.

[350] Liu J, Li F, Liu C, et al. Influences of shrub vegeta-

tion on distribution and diversity of a ground beetle community in a Gobi desert ecosystem [J]. Biodiversity and Conservation, 2012, 21 (10): 2601 – 2619.

[351] Cardinale B J, Srivastava D S, Emmett Duffy J, et al. Effects of biodiversity on the functioning of trophic groups and ecosystems [J]. Nature, 2006, 443 (7114): 989-992.

[352] 李愈哲, 樊江文, 张良侠, 等. 不同土地利用方式对典型温性草原群落物种组成和多样性以及生产力的影响 [J]. 草业学报, 2013, 22 (1): 4-12.

[353] 薛睿, 郑淑霞, 白永飞. 不同利用方式和载畜率对内蒙古典型草原群落初级生产力和植物补偿性生长的影响 [J]. 生物多样性, 2010, 18 (3): 300-311.

[354] Dennis P, Skartveit J, Mccracken D I, et al. The effects of livestock grazing on foliar arthropods associated with bird diet in upland grasslands of Scotland [J]. Journal of Applied Ecology, 2008, 45 (1): 279-287.

[355] Wall D H, Moore J C. Interactions Underground: Soil biodiversity, mutualism, and ecosystem processes [J]. Bioscience, 1999, 49 (2): 109-117.

[356] Berman T, Holm-Hansen O. Release of photoassimilated carbon as dissolved organic matter by marine phytoplankton [J]. Marine Biology, 1974, 28 (4): 305-310.

[357] Hodge A, Robinson D, Fitter A. Are microorgan-

isms more effective than plants at competing for nitrogen? [J]. Trends in Plant Science, 2000, 5 (7): 304-308.

[358] Bello F, P. Carmona C, Mason N, et al. Which trait dissimilarity for functional diversity: trait means or trait overlap? [J]. Journal of Vegetation Science, 2013, 24 (5): 807-819.